安全知识积累和扩散机制研究

张羽　著

U0250812

中国建筑工业出版社

图书在版编目(CIP)数据

安全知识积累和扩散机制研究/张羽著. —北京：
中国建筑工业出版社，2019.6
ISBN 978-7-112-23657-2

Ⅰ. ①安… Ⅱ. ①张… Ⅲ. ①安全工程-研究
Ⅳ. ①X93

中国版本图书馆 CIP 数据核字(2019)第 081803 号

责任编辑：封　毅　张瀛天
责任校对：赵　颖

安全知识积累和扩散机制研究
张羽　著

*
中国建筑工业出版社出版、发行（北京海淀三里河路9号）
各地新华书店、建筑书店经销
北京红光制版公司制版
北京建筑工业印刷厂印刷
*
开本：880×1230 毫米　1/32　印张：4¾　字数：113 千字
2019 年 6 月第一版　　2019 年 6 月第一次印刷
定价：**25. 00** 元
ISBN 978-7-112-23657-2
(33963)

前言

近年来，得益于党和政府对安全生产问题的日益重视以及对相关领域的持续投入，我国安全生产形势总体向好，安全事故总数和死亡人数总体上均呈现下降趋势。然而，深圳渣土受纳场滑坡、天津港危险品仓库爆炸、丰城发电厂施工平台坍塌、江苏响水化工厂爆炸等特大事故的相继发生，表明安全生产管理容不得丝毫轻忽，安全生产水平也有待进一步提高。

一些研究表明，大多数事故发生的深层次原因在于人的不安全行为，而这种行为又与安全知识偏差和匮乏有关。因此，以安全知识为研究对象，探索其积累和扩散规律，对于降低事故率、提升安全水平具有重要意义。同时，安全知识又与其他知识不同，其积累过程可能受到个体死亡事件的影响。鉴于此，本书从个体死亡的独特视角出发，考虑安全行为与结果之间的交互影响关系，将安全知识积累和扩散机制作为主题。

本书共 5 章。第 1 章为绪论，介绍了研究选题的背景、意义，研究思路、内容、方法和技术路线。第 2 章以全行业事故调查报告为数据来源，运用回归分析方法进行实证研究，最后讨论了个体死亡可能导致的三类事故信息缺失，并提出了"死亡悖论"。第 3 章以建筑业事故调查报告为数据来源，运用组间分析和路径分析方法进行实证研究，得出了不同事故环境和特征影响事故学习的机制。第 4 章运用元胞自动机模型进行计算实验研究，对所得的数据和图形结果进行分析，得出安全知识积累和扩散的影响因素及影响机制并发现了"死亡悖论"的另一种形式。第 5 章为安全知识管理对策与建议。该章首先总结了研究所得的结论；而后根据结论提出了安全知识管理的对策和建议，并给出了综合应用案例；最后对安全知识管理的未来发展方向进行了展望。

编写本书的主旨在于向读者介绍作者依托教育部人文社会科学研究一般项目"个体死亡条件下的安全知识积累与扩散机制研究（14XJCZH004）"的创新性研究成果，以期激发相关领域学者的兴趣，使更多的学者关注安全知识管理研究，为推动安全学科的发展尽一份力。

本书在编写过程中得到了西南石油大学卞晓莉、杨清霞及研究团队其他成员的协助，在此表示衷心的感谢。本书的主审对本书的修改和完善提出了许多宝贵建议，在此表示诚挚的谢意。

由于作者的见识和水平有限，本书难免会有疏漏，恳请广大读者批评指正，来函请寄至西南石油大学土木工程与建筑学院。

张羽

2019 年 4 月

目 录

第1章 绪 论

1.1 安全生产及知识经济背景

1.1.1 安全生产背景

人身安全是人类生存和发展的前提，也是国家强盛、人民幸福的基本要求。然而，人身安全问题广泛存在于各行各业，涉及生产、运输、治安、医疗、国防等众多差异巨大的领域，因此需要对其范畴进行详细界定。本书以中华人民共和国应急管理部（包含前国家安全生产监督管理总局）统计项目所涉及的安全生产问题为研究对象，主要涵盖农林牧渔、采矿、制造、建筑等生产性行业以及交通运输、一般商业等服务性行业，但不包括医疗卫生、食品安全、治安防控、军事安全、环境保护、信息安全等领域。图 1-1 为 2009～2017 年全国发生的各类事故数量及死亡人数统计图。其中，由于统计口径发生变化，全国事故发生数量从 2015 年的 28.2 万起大幅下降为 2016 年的 6 万起。即便如此，仅 2017 年一年，全国就发生安全事故 5.3 万起，造成 3.8 万人死亡。可见，无论是事故起数还是死亡人数，其绝对数值仍然较大，我国安全生产形势仍不容乐观。

近年来，国内外特大事故多发频发，更凸显出安全问题的严重性。2018 年 10 月 29 日，印度尼西亚航班坠毁，造成 189 人死亡。2016 年 11 月 24 日，中国江西丰城发电厂冷却塔施工平台发生坍塌，造成 73 人死亡，2 人受伤，直接经济损失

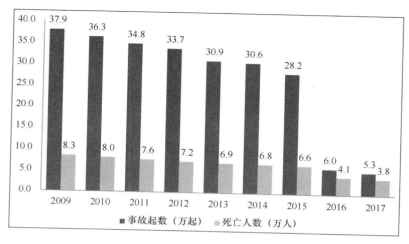

图 1-1 2009～2017 年我国发生各类事故及死亡人数统计

1.1 亿元人民币。2015 年 8 月 12 日，中国天津滨海新区危险品仓库发生爆炸，造成 165 人死亡，798 人受伤，直接经济损失 69 亿元人民币。还有 2015 年中国东方之星游轮沉没事故、2013 年孟加拉国拉纳广场大楼倒塌事故、2013 年中国青岛输油管道爆炸事故、2011 年日本福岛核电站泄漏事故、2011 年中国甬温动车组列车追尾事故、2010 年美国墨西哥湾钻井平台爆炸事故等。这些事故不仅严重损害了当事人的生命财产安全，也对当事国的经济和社会发展造成了恶劣影响。鉴于此，如何降低安全生产风险、提高安全管理水平，成为摆在相关理论研究者和实践工作者面前亟待解决的问题。

1.1.2 知识经济背景

当前，世界经济发展正从以能源消耗为基础的"工业经济"向以信息和知识为基础的"知识经济"转变。1996 年，世界经济合作与发展组织（OECD）发表了题为《以知识为基础的经济（Knowledge -based Economy）》的报告，首次系统地定义了知识经济的概念，即"建立在知识的生产、分配和使用（消费）之上的经济"。此后，"知识经济"作为代表 21 世纪社会经济发展趋势的重要概念被广泛使用。知识经济的发展繁荣依赖于知识和技术的积累和使用，同时也会对个人、企业和国家的发展产生深远影响（曾建权等，2000）。

个人层面上，知识对个人事业发展和生活改善起到至关重要的作用。大量研究表明，受教育年限与工资收入存在显著正向关系，受教育年限每增加一年，年薪增长率可能达到 10%（McGuinness，2006）。个人知识增长也有助于其提升创业成功率（Kotha & George，2012）、提高社会地位和增强生活幸福感（Keep，2006）。

企业层面上，发展和利用知识的程度往往能够决定企业的竞争力（Argyres & Silverman，2004）。数据显示，2017 年世界 500 强企业研发经费共计约 6182 亿美元，同比增长 6%。而亚马逊、Alphabet（Google 的母公司）、英特尔、微软、Facebook 等世界知名 IT 企业，其平均研发强度（研发支出占收入的比例）更是达到 15% 以上。可见，企业对知识发展和应用非常重视。

国家层面上，世界主要国家纷纷出台各项政策措施促进知识的创造和使用。2014 年德国发布新版《新高科技战略——为德国而创新》，就协同创新和技术转移、提高中小企业创新投入与区域创新均衡发展、优化创新创业环境等问题进行了详细阐述，提出了大量鼓励知识型企业发展的政策建议。2015 年美国发布新版《美国创新战略》，提出把美国 GDP 的 3% 以上用于科学研究与技术开发，并承诺 2016 年对科技、工程与数学教育的投入将达到 30 亿美元，比 2015 年增加 3.8%。2015 年法国也发布了新国家科研战略《法国——欧洲 2020》，确定了十项应对法国社会挑战的优先科研方向和五大行动计划。2018 年日本政府公布了作为科学技术政策基本方针的《综合创新战略》，着重强调了大学改革、加强政府对创新的支持、人工智能、农业发展、环境能源五大重点领域措施。我国则在 2016 年提出了《国家创新驱动发展战略纲要》（以下简称《纲要》），强调科技创新是提高社会生产力和综合国力的战略支撑，必须摆在国家发展全局的核心位置。《纲要》涵盖了产业技术创新、原始创新、区域创新、各种创新主体等多项任务，提出了改革创新治理体系、增加创新投入、开放创新等多项保障举措，部署了一批体现国家战略意图的重大科技项目和工程。

综上所述，无论在个人、企业或国家层面，知识的作用均在逐渐显现。伴随此过程，知识管理的价值，尤其是研究价值，也日益凸显出来。

1.2 事故学习及安全行为相关理论

1.2.1 事故学习理论

在安全领域内，从事故中学习是安全知识获取和积累的重要途径之一。事故学习指从已经造成损失的安全事故或尚未造成损失的未遂事故中获取相关信息并将其转化为可应用的安全知识的过程，包括四个紧密相连的环节，即安全知识的获取、积累、传播和应用（张涛和王大洲，2013）。依据 Lindberg 等（2010）提出的 CHAIN 模型，本书将事故学习的相关文献分为如下三类：

1. 事故上报与管理

该类文献主要包括有效的事故上报和事故管理机制两方面。在事故上报方面，Chikudate（2009）通过分析 2005 年日本西部铁路公司发生的一起铁路交通事故发现，如果员工过失造成的损失超出自己的承受范围，那么员工就会对直属管理者隐瞒自己的失误，而这些失误可能会导致更大事故的发生。Cox 等（2006）认为人与人或人与组织间缺乏信任会使人们害怕将工作中遇到的未遂事故或小事故进行上报。Johnson（2002）认为，如果事故上报会带来相应的处罚，那么仅有少数人敢于报告。Rossignol（2015）认为同事之间对事故报告程序理解的一致性会影响事故上报。Probst & Graso（2013）认为员工对待事故上报的态度和员工所经受的生产压力都会对事故报告产生影响，态度积极的员工遭受事故伤害的频率较低，而较大的生产压力会导致大量事故漏报。Petitta 等（2015）认为企业整体道德水平会影响企业的事故上报率。

在事故管理方面，曾明荣和王兴（2015）指出我国在事故上报阶段缺少一个有效、快速的平台，建议建立标准化的事故上报信息模板。而欧美国家的学者则更偏重于研究各类事故数据库及其管理机构和方式。例如欧盟委员会在 1984 年建立的重大事故报告系统（MARS），德国 1993 年成立的专门进行事故调查的中央报告和评估办公室（ZEMA），瑞典的交通事故数据采集系统（STRADA）以及美国 NTSB（国家运输安全委员会）、英国 AAIB（航空事故调查局）和澳大利亚 ATSB（澳大利亚运输安全局）的航空事故统计数据和知识数据库（AASK）等。这些数据库及其管理机构的主要功能包括事故信息的收集、归档、分析和传播等。

2. 事故调查与分析

该类文献大多集中于研究事故调查动机、制度和标准以及事故分析方法和模型。在事故调查动机方面，薛澜等（2012）指出我国以责任追究作为事故调查最终目的的做法不利于对事故的深入学习，并提出目标明确、科学独立、分级管理、信息公开的调查原则。Smith & Elliott（2007）认为事故调查组往往由代表着不同利益的主体构成，他们可能会采用有利于自己的解释来避免成为责任者。高恩新（2015）在分析了我国 65 份特大生产安全事故调查报告后发现，我国政府采用的"归因外部化""集体问责"的策略塑造了社会公众对特大事故的认知框架，转移了特大事故对中央政府的政治压力，但是这两种策略会削弱安全生产管理的正向激励作用。Cooke & Rohleder（2006）认为事故调查的政治化环境会对组织安全文化的转变和组织学习构成阻碍。Boin & Fishbacher-Smith（2011）也认为过度强调个体事后责任的追究会影响调查者对事故结论的正确推导。

在事故调查制度与标准方面，曾辉和陈国华（2011）在对国外事故调查机制进行分析的基础上提出了我国第三方事故调查机制框架。陈国华和张华文（2009）认为我国应向发达国家学习，建立事故调查员分级培训机制。曾明荣和王兴（2015）在对比我国与欧盟的事故报告和调查工作后，提出建立事故调查人员资格审查体系、事故调查处理信息系统等建议。Roed-Larsen & Stoop（2012）根据一份调查行为评估报告，利用 SWOT 分析确定了未来事故调查活动面临的主要问题，包括调查的独立性、调查范围、调查方法的发展、调查员的培训、法律变化以及第三方安全调查机构的扩张等。Lindberg 等（2010）总结事故调查标准类文献后认为事故调查标准应包括第三方调查、尽快实施调查、详细描述事故、扩展信息来源，以及找到事故直接、间接、隐藏的原因和潜在危险因素。

在事故分析方面，牛会永等（2012）以矿井火灾现场物证材料破坏程度为切入点，提出矿井火灾事故调查综合分析技术。张玲和陈国华（2009）基于文献对常见事故调查分析方法进行分类比较后发现，调查组在事故调查过程中注重使用非正常分析法得出的结果。张美莲（2016）认为事故原因的查找一般是遵循了某种固定的模式并采用适合该模式的方法，不同调查机构采用的模式不同，得出的结论也有所差别。Lunderg 等（2009）认为事故调查者采用的模式受到其调查前推论的影响，调查结论也倾向于与调查前推论相吻合。Le Coze（2008）在对不同事故类型的调查方法进行比较分析后认为，调查方法的采用应该取决于调查目的和能够利用的调查资源。事故调查的方法模型则包括管理疏忽与风险树（MORT）、"对象—事故—动因"三角模型（Tripod）、多层社会技术系统因果图模型（Accimap）、"人员—技术—组织"模型（SOT）以及作业事故调查技术（WAIT）等。

3. 调查结果的传播和事故预防

调查结果的传播和事故预防虽然是事故学习的重要环节，但相关研究较少。Johnson（2002）认为事故检索系统的不精确导致大量的事故报告不能被检索，建议使用易懂的语言表达事故知识并及时公开、广泛传播。Johnson & Holloway（2003）认为通过事故调查所获得的安全知识应该在相关组织中或组织间进行知识共享，以避免类似事故的发生。张涛和王大洲（2013）提出了事故安全知识传播的 3 个维度，即公开事故数据库、将事故经验转化为行业规范以及提高安全知识传播的及时性和准确性。在事故预防方面，一些学者认为当前安全建议转化为安全措施的力度不足（Birkland，2009），建议强化外部监管、提高当局能力、督促企业执行（Hovden，Størseth & Tinmannsvik，2011）。此外，组织结构（Lund & Aarø，2004）、安全技术重设（Hale et al.，2007）等因素也被认为会影响事故的预防。

1.2.2 安全行为理论

安全行为理论是阐释与安全行为相关的影响因素和影响机制的理论，包括影响安全行为的因素及其机制、安全行为自身的内涵因素以及安全行为影响安全结果的机制。早期的安全行为理论包含在事故致因理论中，可追溯到 1931 年发表的《工业事故预防》一书。在书中，Heinrich 首次提出了分析伤亡事故过程的因果连锁理论，认为遗传及社会环境导致了人的缺点，引发了人的不安全行为和物的不安全状态并最终导致事故伤害。而 Farmer 等人则在 1939 年提出事故频发倾向理论，证实了人的性格与事故之间的因果关系，认为某类工人更容易发生事故，是事故频发的倾向者。随着事故致因理论的日渐成熟，Bird & Loftus（1976）在 Heinrich 基础上提出了反映现代安全观点的事故因果连锁，认为多种因素导致了人的不安全行为和物的不安全状态，而管理失误则是根本原因。

当前，随着行为管理的兴起，安全行为理论逐渐成为安全管理领域的重要理论，而安全知识与安全行为的关系也受到越来越多的关注。傅贵等（2005）基于心理学和行为科学分析大量事故案例后发现，相关人员安全知识不足、安全意识欠缺、安全习惯欠缺是一切事故的共性原因。Christian 等（2009）在对前人文献进行元分析的基础上提出安全知识在安全事故致因链中对安全遵守和安全参与行为均具有显著的正向影响。Vinodkumar & Bhasi（2010）认为安全管理实践通过提高员工安全知识和安全动机改善员工的安全绩效。Jiang 等（2010）则认为良好的安全氛围会强化安全知识对安全绩效的正向影响。梁振东和刘海滨（2013）通过结构方程模型证实了员工的不安全行为意向和不安全行为均受到安全知识的负向影响以及自我效能和工作满意度的正向影响。高伟明等（2016）发现新生代员工所具有的安全知识对其安全遵从行为和安全参与行为均有显著正向影响。马振鹏等（2016）在KAP理论基础上，通过实证研究发现了安全知识通过安全态度影响安全遵守行为最终影响安全绩效的路径。

除了安全知识，个体特征、心理资本、风险感知等内部因素以及领导风格、安全氛围等外部因素均会对安全行为和安全结果产生影响。不仅如此，安全行为对安全结果的显著影响也得到了大量研究的证实。

1.2.3　文献述评

以上研究或以事故学习的各个环节为主题，或围绕安全行为的影响因素和机制进行，运用了各种科学方法，得出了大量有价值的结论，对提高事故学习效率、改善安全行为和安全绩效起到了重要作用。然而，以上研究仍然存在有待补充完善的地方，具体如下。

1. 现有事故学习文献未考虑个体死亡的影响

现有事故学习理论及相关文献考察了制度标准、人员组织、方法模型、信息系统等众多因素对事故上报、事故选择、事故调查与分析、事故结论应用等事故学习各个环节的影响。然而，作为安全事故的固有特点和影响事故学习的可能因素，个体死亡并未受到学者们的重视，相关的研究也尚未见到。

2. 现有安全行为文献未考虑安全结果的影响

现有安全行为理论及相关文献，多依照安全知识影响安全行为最终导致安全结果的研究方向和路径进行，得出安全知识对安全行为产生正向作用，而安全行为会显著影响安全结果的结论。然而，个体死亡作为安全结果也可能对事故学习和安全知识产生重要影响。此类从安全结果到安全知识和行为的反向研究的文献尚未见到。

1.3　安全知识研究目的与意义

1.3.1　研究目的

个体的知识积累和经验学习一般需要依靠反馈来实现。通过反馈，个体能够从成功的行为中获取经验，从失败的行为中总结教训。然而，安全领域的固有特点，即个体可能在安全事故中死亡，可能导致这种学习反馈机制失效，从而阻碍安全知识的积累和扩散。探索这种阻碍可能给安全知识管理造成的影响及其机制即本书的目的。

1.3.2　理论意义

本书的理论意义主要集中在事故学习理论和安全行为理论两方面。

1. 事故学习理论方面

以个体死亡作为事故学习的影响因素，探索其对事故学习有效性、安全知识可得性和准确性的影响，为事故学习研究提供了一个新的角度和思路，其结论也将丰富事故学习理论的内容。

2. 安全行为理论方面

本书以安全结果对安全知识影响的反向研究为突破点，结合传统的"安全知识—安全结果"思路，构建从安全知识到安全行为、结果最终反作用于安全知识的循环链，探索其对社会安全知识积累和扩散的影响。本书为安全学习理论提供了一个新思路，循环链与知识积累和传播关系的结论也将丰富安全行为理论的内容。

1.3.3   现实意义

当前，学术界普遍认为，员工不安全行为可能引发事故，而作为对员工不安全行为有重要影响的安全知识的不足也会间接引发事故。因此，以事故学习、安全知识和安全行为为对象进行研究，能够在国家、企业和个人三个层面产生积极作用。

首先，所得结论能够为国家制定相关政策及安全法律法规提供参考，从而有助于降低社会经济运行和发展的安全成本、提升社会整体安全管理水平，对我国社会经济的转型和升级均具有积极意义。

其次，所得结论能够为企业制定安全规章制度和采取具体的安全措施提供参考，从而有助于降低企业安全成本、树立良好的企业形象并最终提升企业的竞争力，对我国企业在激烈的市场竞争中维持生存和持续发展均具有积极意义。

最后，所得结论能够为相关人员的安全管理工作提供参考，也有助于其理解、适应企业的安全法律法规、规章制度和具体措施，对相关人员减少自身伤亡和损失、提高工作绩效和工作满意度均具有积极意义。

1.4   安全知识研究的内容

1.4.1   实证方法探索个体死亡对事故学习的影响机制问题

首先，以应急管理部（原国家安全生产监督管理总局）公布的全行业重特大事故调查报告作为统计样本，通过相关和回归分析，探索见证者死亡与事故描述和事故归因的关系，并考察其他信息来源对这种关系的影响。而后，选择建筑业作为代表性行业，收集行业内较大以上事故调查报告作为统计样本，通过组间分析和路径分析方法，进一步探索幸存者拥有的信息对还原事故过程和确定事故直接原因的影响，并考察通过现场勘查、视频监控、仪器探测等其他方式获取的数据以及事故持续时间和作业空间特征等对上述关系的影响。

1.4.2 计算实验方法探索安全知识积累和扩散机制问题

首先，模拟现实中通过安全事故获取知识的过程，构建元胞自动机通过事故学习积累安全知识的模型，设定安全知识量与安全事故概率的负向关系，形成安全知识与安全结果的循环链。而后，加入安全知识扩散机制，模拟现实中安全知识获取后能够部分或全部传递给他人的事实，完成安全知识积累和扩散模型构建。下一步，通过计算实验得到元胞自动机状态图形和统计数据，利用图形对比分析和回归分析，考察事故率、死亡率、新员工知识水平、知识传播速度和范围等因素对安全知识积累和扩散的影响。

1.5 安全知识研究的方法和技术路线

1.5.1 研究方法

近年来，管理学研究越来越倡导综合使用理论推导与实证检验方法。本书使用的方法包括案例研究方法、计量统计方法以及计算实验方法，具体如下。

本书中案例研究方法主要用于数据生成和描述举例两方面。前者是通过背对背编码的形式，将搜集到的事故调查报告中的文字转变为变量数值以便进行计量统计分析；后者则是通过摘录报告中文字证明部分观点。考虑到本书样本资料主要为文字资料，必须通过编码方法将其转换成数据，同时部分观点描述过于抽象，需要结合案例才容易让人理解，因此选择案例研究方法作为核心方法之一。

本书中计量统计分析方法包括相关分析、回归分析、组间分析、路径分析四类。其中，相关分析主要考察变量间两两相关关系，为进一步研究指明方向；回归分析主要运用了顺序回归方法，考察等级变量间因果关系；组间分析主要考察两组或多组数据间差异，用于探索分组变量所产生的影响；路径分析是回归分析的扩展，通过图形建模方式，考察变量之间的多重因果关系。考虑到本书具有一定的开创性，其结论需通过不同行业数据和不同实证方法的检验，才更具有稳健性和可推广性。因此，本书使用了以上四种不同的统计分析方法。

本书中计算实验方法主要为元胞自动机仿真分析方法。元胞自动机（cellular automata，CA）是一种时间、空间、状态都离散，空间相互作用和时间因果关系为局部的网格动力学模型，适用于考察复杂系统环境下多主体间互动行为。而本书中安全知识的积累和扩散机制及其与安全结果即个体死亡相互影响的循环关系，是典型的空间相互作用关系和时间因果交替关系，因此正适合用元胞自动机来研究。

1.5.2 技术路线

本书首先运用案例研究方法将事故调查报告中的信息转换为变量数据，而后对这些数据进行相关分析、回归分析、组间分析和路径分析，以便从实证的角度探索个体死亡与事故学习的关系；紧接着，运用计算实验方法中的元胞自动机模型模仿安全知识积累和扩散及其与安全结果的相互影响过程，验证和扩展实证研究所得结论。具体技术路线如图 1-2 所示：

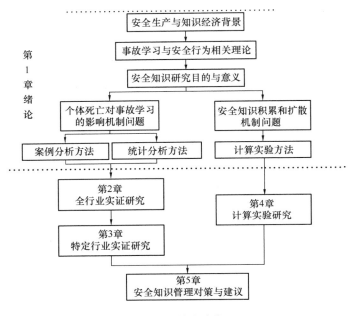

图 1-2　技术路线

依照图 1-2 所示的技术路线，本书各章节内容安排如下：

第 1 章为绪论。该章首先介绍了安全生产和知识经济的背景；而后对事故学习和安全行为相关理论进行述评并论证了本书的创新性；下一步给出了研究的目的、理论与现实意义并提出了关于事故学习和安全知识的两个核心问题，据此确定了研究思路、内容和方法，并最终明确了运用不同数据、不同方法分别验证和综合对比的技术路线。

第 2 章为全行业实证研究。该章首先基于前人研究提出了四个研究假设，而后就数据来源进行了描述分析；下一步基于假设设计出变量并阐述了赋值原因，并对样本进行了相关分析和逻辑回归分析，得到结果并给出了解释性说明；根据所得结果，讨论了见证者死亡可能导致的三类事故信息缺失，并提出了"死亡悖论"；最后对该章内容进行了小结。

　　第 3 章为特定行业实证研究。该章首先基于前人研究提出了 11 个研究假设，而后就数据来源进行了描述分析；下一步基于假设设计出变量并阐述了赋值原因，并对样本进行了组间分析和路径分析，得到结果并给出了解释性说明；根据所得结果，再次验证了个体死亡的影响并确定了相应的调节因素；最后对该章内容进行了小结。

　　第 4 章为计算实验研究。该章首先基于之前研究提炼出安全知识积累和扩散行为模型，并据此构建出元胞空间、邻域、状态和转换规则。而后基于 Netlogo 仿真平台，依照安全知识积累和扩散行为模型进行平台设计、程序设计和变量设计，并通过改变各变量参数，获取了数据结果和图形结果。基于此，对数据结果进行相关分析和层次回归分析，对图形进行对比分析，得出安全知识积累和扩散的影响因素及影响机制；最后对该章的研究内容和结论进行了小结。

　　第 5 章为安全知识管理对策与建议。该章首先总结了之前 3 章研究所得的结论；而后根据结论提出了安全知识管理的对策和建议，并给出了综合应用案例；最后对安全知识管理的未来发展方向进行了展望。

第 2 章　全行业实证研究

2.1　研究背景

近年来，随着我国经济发展和社会进步，全国安全事故总数、较大事故数量和死亡人数虽呈稳步下降趋势，但数值仍然较大，且高危行业安全事故在其中占有很大比重。高危行业是指在生产和运营过程中有大量危险源介入、导致其本身具有较高安全风险的行业，涉及核电站、化工厂、炼油厂、花炮厂等危险品行业，服装商场等一般商业，煤矿厂、油矿厂、气矿厂等采矿行业，道路交通、铁路交通、民用航空、水上交通等交通运输行业以及建筑业等。这些行业或是具有较高的安全事故发生概率（如道路交通系统），或是具有较大的安全事故损失（如核电站），最终导致行业总体风险较高，因而被称为高危行业。高危行业虽然风险巨大，却属于国家支柱行业，对维持国家经济的稳定运行和社会文化的持续发展起到了关键的、不可替代的作用。因此，高危行业的安全管理问题值得深入研究。

与其他伤害人体但不致命的事件（例如"三鹿奶粉""地沟油"等食品安全事件，"雾霾""铊污染"等环境污染事件和"黑心棉""毒跑道"等产品质量事件）不同，严重危害人身安全的事故可能导致事故见证者立即死亡。这种其他事件所不具备的独特的限制条件，可能导致部分事故信息的缺失，特别是人员心理信息和事故尚未发生前的信息。尽管可以使用如现场痕迹勘查的方法来弥补部分缺失的信息，但很多有价值的信息仍无法获取。例如，在一起公交车司机死亡的交通事故中，调查人员或许能从现场车辙和轮胎痕迹中推断出事故发生过程，但其不太可能确切地认定事故发生的原因。即便调查人员确实找到一些线索，比如通过检查驾驶员的工作记录发现驾驶员已经驾驶太长时间，但也无法确切地证实该事故是由驾驶员疲劳引起的。相比之下，如果驾驶员幸存下来，在多数情况下只需访问驾驶员即可找出事故发生的原因。依此逻辑，容易提出一系列问题，如人员死亡是否会对事故学习产生影响？会产生何种影响？如何影响？本章将围绕以上问题进行研究。

本章的主要内容安排如下：2.2 节基于前人研究提出了关于学习反馈、人因事故、信息收集方法以及事故直接原因的四个研究假设；2.3 节在 2.2 节的基础上选定了 58 份事故调查报告作为研究数据的来源并对事故所属行业进行了描述分析；2.4 节基于假设设计了 7 个变量并详细阐述了赋值原因，也对变量赋值进行了描述性统计；2.5 节与 2.6 节为实证分析结果，分别描述了相关分析所得的初步结果以及逻辑回归分析所得的进一步结果，并对结果进行了解释性说明；2.7 节在实证分析结果的基础上讨论了见证者死亡可能导致的三类事故信息缺失，并提出了"死亡悖论"，并在对本章的研究进行了小结。

2.2 研究假设

2.2.1 学习与反馈

大量的研究已经证实反馈在学习中起着重要的作用。从行为主义的角度看，经典的条件作用理论，如巴普洛夫的条件反射理论或斯金纳的操作性条件反射理论，均是基于反复的操作和反应行为。在社会认知理论中，目标进展的反馈是影响学习绩效的关键因素（Bandura，2012）。尽管强调社会学习的重要性，但建构主义者也承认学习结果可能会影响未来的学习（Roth & Lee，2007）。基于前人的研究，Kolb 提出了经验学习模型（ELM），这是一个由具体经验、反思性观察、抽象概念化、主动实践四个阶段组成的学习循环。容易看出，经验学习模型也是由反馈环组成的。

虽然反馈在学习中具有重要意义，但由于安全事故的致命性，在安全事故中形成学习反馈环比在其他事件中更困难。在其他事件中，大到严重的污染物泄漏，小到险些滑倒，人们都可以知道事件发生的经过以及原因，并采取措施防止此类事件再次发生。而且，这些知识可以很快传播给其他人。相反，卷入安全事故的人可能会立刻死亡，因此无法从事故中学习或传递信息。值得注意的是，不同见证者拥有的事故信息是有差异的。做出不当行为并引发事故的人比仅仅经历过事故的人更可能知道事故发生的原因，而后者则可能比仅见证事故发生的人更了解事件的影响。从这个角度来看，幸存者的身份可能会影响可以收集的信息。综上所述，提出以下假设：

H1：见证者死亡对调查人员的信息收集产生负向影响，见证者与事故关系越紧密，其死亡对事故调查的负向影响越大。

2.2.2 人因与事故

显然，尽管人为因素很重要，但也只是众多事故影响因素中的一个（Ergai et al.，2016）。非人为因素，如设备和环境也可能发挥重要作用。在一些事故中，环境或设备故障是主要原因，而人为因素的作用则相对有限，例如由旋风引起的沉船事故或由发动机故障导致的坠机事故。在其他事故中，人为因素则起到至关重要的作用，如疲劳驾驶导致的车辆碰撞事故。显然，只有在第二种情况下才存在"诱发事故的见证者"。该见证者可能知道事件发生的原因，并且若其幸存下来，可以将此信息传递给他人。相比之下，第一种情况中的见证者可能知道事故经过，但未必了解事故原因。因此，我们有理由相信，人为因素在事故中的作用会影响见证者死亡与可获得信息之间的关系。因此，提出以下假设：

　　H2：在主要由人为因素导致的事故中，见证者死亡对调查人员信息收集的负向影响比在其他类型的事故中更大。

2.2.3　信息收集方法

　　使用其他技术也可以获得大量的事故信息，包括各种监测和记录设备。在航海领域，船舶交通服务系统（Vessel Traffic Services，VTS）、自动识别系统（Automatic Identification Systems，AIS）和航行数据记录器（Voyage Data Recorders，VDR）等设备对数据采集和事后分析非常重要（Wang，et al.，2013）。在飞行过程中运用的记录仪称为飞行数据记录器（Flight Data Recorder，FDR）和驾驶舱录音机（Cockpit Voice Recorder，CVR），而用于铁路机车上的记录仪称为列车数据记录器（On-Train Data Recorder，OTDR）。同样，采矿作业中经常使用特殊设备来检测岩壁中的气体密度或应力。测量温度、压力、液位、流量等参数的仪表对于化工企业获取加工过程数据也至关重要。此外，视频记录系统已广泛用于不同领域以记录各种活动和事件。毫无疑问，应用上述技术也有助于解决由见证者死亡引起信息丢失的问题。因此，提出以下假设：

　　H3：在存在监控和记录设备的事故中，见证者死亡对调查人员收集信息负向影响比在其他类型的事故中更小。

2.2.4 事故过程与事故原因

一般而言，调查者推测事故原因主要依靠客观事实而非主观臆断。只有当事故发生过程以及影响因素间的关系均较为清晰时，才会得出确定的事故结论、给出准确的事故原因。为了探讨事故过程与事故原因之间的关系，提出以下假设：

H4：事故过程信息准确程度正向影响事故原因确定的准确程度，事故信息收集的越多越准确，事故原因的确定就越准确。

2.3 数据描述

2.3.1 数据来源

研究资料来自中国应急管理部（原国家安全生产监督管理总局）网站。作为负责中国职业安全监督管理的主要行政部门，应急管理部会组织部分安全事故的调查、编写调查报告，也会审查由省应急管理厅编写的事故调查报告。两类事故调查报告均能在中国应急管理部的网站上查询到，确保了资料的可得性，也使得资料具有一定权威性和可靠性。同时，这些事故的调查过程遵照了统一的规范和标准，包括《生产安全事故报告和调查处理条例》（国务院令第 493 号）《企业职工伤亡事故分类》（GB 6441—1986）等。这使得事故调查报告具有一定的可比性。

最初搜集到的资料包括 2008～2015 年间采矿、运输、建筑和化工等行业发生的 91 起致命事故的调查报告。然而，其中关于车辆碰撞或坠落事故的调查报告描述见证者的信息太少，无法用于研究。其原因可能是与建筑倒塌或爆炸等事故相比，车辆碰撞或坠落往往会在现场留下更清晰的痕迹。因此，在调查这类事故时，调查者多使用现场勘查方法收集证据，而较少依赖见证者的描述。例如，在《甘肃省甘南州合作市"3·3"重大道路交通事故调查处理报告》中，事故发生过程的描述为"2 时 20 分许，在国道 213 线合作市卡加曼乡依毛梁路段 256km ＋ 200m 处时，车辆驶出公路西侧路面，与路西侧广告牌钢制立柱相撞后翻车，发生道路交通事故"。再如《S17 线蚌合高速合肥"2013.8.9"重大道路交通事故调查报告》中事故发生过程描述为"2013 年 8 月 9 日 3 时 20 分左右，程家浦驾驶车牌号为沪 B67525 号大型普通客车，途经 S17 线蚌合高速公路由南向北行驶至下行线（合肥往淮南方向）111km ＋ 500m 附近时，追尾撞到前方同车道由程崇峰驾驶的车牌号为皖 S55940（皖 SC859 挂）号重型普通半挂货车的尾部"。显然，以上事故调查报告没有包含见证者的信息，因此不适用于本研究。此类事故调查报告共计 29 份。此外，有关车辆爆炸的 4 份报告也未包含见证者信息。例如，《包茂高速陕西延安"8·26"特别重大道路交通事故调查报告》中的事故描述为."2 时 31 分许，卧铺大客车在未采取任何制动措施的情况下，正面追尾碰撞重型半挂货车，碰撞导致大量甲醇泄漏。碰撞也造成卧铺大客车电气线路绝缘破损发生短路，产生的火花使甲醇蒸气和空气形成的爆炸性混合气体发生爆燃起火……"。最终，在排除了上述 33 份不适于本研究的调查报告后，保留了 58 份调查报告作为研究样本。

2.3.2　描述性统计

研究样本的类型和数量如表 2-1 所示。

样本的类型和数量　　　　　　　　　　表 2-1

种类	数量
一般商业	8
- 不当行为引发火灾	3
- 电线过热引发火灾	5
民爆行业	3
建筑行业	2
- 在建桥梁坍塌	1
- 在建隧道坍塌	1
采矿业	29
- 爆炸	13
- 透水	7
- 煤矿塌陷	5
- 其他	4
危险品行业	10
- 燃油或瓦斯爆炸	4
- 化学爆炸	4
- 其他	2
交通运输业	6
- 车辆爆炸	2
- 火车碰撞	2
- 其他	2

　　由表 2-1 可知，样本涉及一般商业、民爆行业、建筑业、采矿业、危险品行业和交通运输业等 6 个行业。具体而言，8 次商业火灾中，3 次是由于人为因素造成的，5 次是由电线过热导致的。建筑业事故则包含 1 起桥梁坍塌和 1 起隧道坍塌。29 起采矿事故包括 13 起瓦斯爆炸事故、7 起煤矿透水事故、5 起煤矿塌陷事故以及 4 起其他事故。与危险物质有关的事故包括 4 起石油或天然气爆炸事故、4 起化学爆炸事故、1 起由氨引起的

窒息事故以及 1 起铝粉爆炸事故。至于交通事故则包含了 2 起车辆爆炸事故、2 起列车碰撞事故、1 起内陆船只倾覆事故以及 1 起飞机着陆时坠毁事故。

在这 58 起事故中，每起事故的平均死亡人数为 33.69 人，最高和最低值分别为 442 人和 4 人。显然，所有作为样本的事故均为致死事故，且其中一些事故可称为大型事故。根据所造成的危害，样本可被分为以下 6 类：①火灾（包括因过热或吸入烟雾导致的死亡）（$n=14$）；②爆炸（$n=26$）；③坍塌/塌方（$n=13$）；④坠落（$n=4$）；⑤碰撞/打击（$n=5$）；⑥窒息（由溺水或其他与火无关的因素引起）（$n=19$）。值得注意的是，由于一起事故可能引发多种伤害，因此六类伤害的总数大于总样本数 58。

2.4　变量描述

2.4.1　幸存者类型

本研究将见证者分为三大类，即事故触发者、核心见证者和外围见证者。事故触发者指引发事故的人，核心见证者指见证事故发生全过程的人，而外围见证者则包括所有看到事故后续发展的人。显然，不同类型见证者可能拥有部分相同的事故信息，如事故触发者可能见证事故发生的全过程，而核心见证者也可能观察到事故的后续发展。因此，本研究假设事故触发者拥有最多的信息，包括事故触发前和触发时的心理状态信息，事故的起因及其演化过程；而核心见证者则知道事故的发生和发展，外围见证者只知道事故中后期的发展。根据以上假设，本研究将"幸存者类型"设定为有序分类变量，用于衡量幸存者所拥有的事故信息量。如果没有见证者在事故中幸存，则该变量赋值为 0；如果只有外围见证者幸存，则变量赋值为 1；如果核心见证者幸存，则变量赋值为 2；如果事故触发者幸存下来，无论其他人是否幸存，变量达到最大值 3。

2.4.2 设备/环境数据和行为数据

通过技术收集的信息被分为现场设备/环境数据和人类行为数据两类。前者是关于环境或者设备状态的数据，例如气体浓度、粉末温度或车辆行驶速度等。后者是关于人的行为或言语的信息，如语音记录。通过事故调查报告的描述，研究者能够确定是否使用了信息采集技术，而无法确定其对事故调查的贡献程度。因此，本研究将"设备/环境数据"和"行为数据"设定为二进制分类变量，用以表示是否存在相关数据记录。如果记录存在，变量赋值为 1，否则为 0。

2.4.3 场景描述和行为描述

用于表示所获得的事故信息的有序分类变量是"场景描述"和"行为描述"。前者是事故过程和现场情况的说明，包括事故的起点、早期情况以及后来的演化。后者则是指事故触发者、核心见证者和外围见证者的行为。这两个变量的赋值范围均为 0 到 3，得分越高表示可获得的信息越详细。

具体来说，对于"场景描述"变量，如果事故初始点的描述存在于报告中，则赋值为 3；如果仅有事故早期和中后期演化的描述，则赋值为 2；如果仅有事故中后期演化描述则赋值 1；几乎没有事故描述则赋值为 0。同理，对于"行为描述"变量，如果事故触发者的行为描述存在于报告中，则赋值为 3；如果仅有事故核心见证者的描述，则赋值为 2；如果仅有外围见证者的描述则赋值 1；几乎没有行为描述则赋值为 0。举例而言，在《吉林省蛟河市丰兴煤矿"4.6"重大透水事故调查报告》中事故过程描述为"李云涛等 4 人进入工作面作业。在打了 11 个炮眼、放了 6 个掏槽眼后，李云涛在打靠右帮的顶眼时，发现右帮已装完药的辅助眼（在右帮中部）向外淌水，就大声喊"跑"，4 人跑出约 20～30m 后，听到掘进面有轰隆声，透水事故发生了"。显然，由于此案例中既存在"打眼""发现""喊""跑"等事故触发者动作的描述，又同时存在"右帮已装完药的辅助眼向外淌水"这种事故起点的具体描述，因此将两个描述变量均赋值为最大值 3。在另一个案例中，《章丘埠东粘土矿"5.23"重大透水事故调查报告》对事故过程的叙述为"8 时 20 分左右，四层煤-5m 水平东平巷工作面 4 名工人正在非法盗采煤炭时，突然发生透水，水流迅速淹没该工作面，进入-5m 东平巷、西平巷、下山集中巷及其 3 条水平巷道，现场勘查痕迹最高水位约 1.7m，距巷道顶部约 0.2m"。与前面的案例相反，该报告既没有任何见证者行为的具体描述，也没有说明事故的起始点，因此"场景描述"变量赋值为 1，"行为描述"变量赋值为 0。

2.4.4　直接原因确定和人为因素

一般而言，引发事故的原因可以被分为三大类，即人为因素、物的因素和环境因素。第一类因素主要涉及人的不安全行为，而第二、三类则分别涉及物和环境的不安全状态。然而，本研究并未按照上述类型划分事故原因，而是把"直接原因确定"设定为有序的分类变量，用以表达所获得的关于事故原因信息的准确程度。变量赋值范围为 0～4，其中赋值为 0 表示事故直接原因未被确定的情况，而赋值为 1 表示能够在一个较大的范围内确定事故直接原因，赋值为 2 则表示能够在较小的范围内确定事故直接原因，赋值为 3 表示能够将事故起点确定为某个人或物体。例如，就火灾而言，如果调查报告中确定某个房间为火灾源头，该变量就赋值为 1；如果确定某条过热线路最先起火，则该变量赋值为 2；如果能具体到某个插线板最先起火，则赋值为 3。如果不仅能确定某人或物为事故起点，还可以确定其发生的原因，则该变量值为 4。例如，某平台坠落事故中，不仅能够确定平台螺栓断裂为直接原因，还能进一步确定螺栓质量不合格为断裂原因，则变量赋值为 4。

此外，为了验证人为因素作为事故主因是否会对见证者死亡与事故学习的关系产生影响，将"人为因素"作为二进制分类变量，用于反映其是否为事故直接原因，若人因确为事故直接原因，则变量赋值为 1，否则为 0。

2.4.5 变量汇总

表 2-2 为变量赋值数量汇总。由表 2-2 可知，"幸存者类型""场景描述"和"行为描述"变量大体呈现中间值样本多、两端值样本少的趋势；"行为数据"赋值为 0 的样本显著多于赋值为 1 的样本。"设备/环境数据"和"人为因素"的取值相对均衡，但前者赋值为 0 的样本数量较多，后者赋值为 1 的样本数量较多。"直接原因确定"变量取值则主要集中于 3 附近，没有取值为 0 或 1 的样本。这可能是因为一般事故调查均能够查出事故直接原因的蛛丝马迹，区别仅在于原因的准确程度，事故点定位过于笼统甚至完全查不出事故原因的调查报告未在样本中出现。

变量赋值数量汇总　　　　　　　　　　　　　表 2-2

变量	赋值				
	0	1	2	3	4
幸存者类型	4	31	13	10	—
设备/环境数据	37	21	—	—	—
行为数据	48	10	—	—	—

续表

变量	赋值				
	0	1	2	3	4
场景描述	3	25	11	19	—
行为描述	5	28	11	14	—
直接原因确定	0	0	2	38	18
人为因素	21	37	—	—	—

2.5　相关分析

　　由于本次研究所涉及的七个变量中有四个是有序分类变量，其他三个则是二元分类变量，因此使用 SPSS 22.0 版软件中的 Spearman 相关系数分析功能，对变量间关系进行初步分析，结果如表 2-3 所示。

变量间相关性分析结果 表 2-3

变量	1	2	3	4	5	6
1. 幸存者类型						
2. 行为数据	0.082					
3. 设备/环境数据	−0.133	0.606**				
4. 场景描述	0.827**	0.332*	0.056			
5. 行为描述	0.926**	0.196	−0.094	0.873**		
6. 直接原因确定	0.324*	0.473**	0.217	0.506**	0.422**	
7. 人为因素	0.107	−0.226	−0.179	−0.058	0.051	−0.041

注：* 表示 $p < 0.05$；

　　** 表示 $p < 0.01$。

　　由表 2-3 可知，"幸存者类型"与"场景描述"、"行为描述"和"直接原因确定"呈显著正相关。其中，"幸存者类型"与"行为描述"之间的相关系数最大，达到 0.926，与

"场景描述"的相关程度稍弱（$r=0.827$），与"直接原因确定"之间的相关系数则仅为 0.324。这初步表明幸存者所具有的事故信息与事故过程信息获取以及事故直接原因确定之间存在正向关联，假设 H1 得到初步证实。

同时，表 2-3 显示"行为数据"与"设备/环境数据"间具有较强的正相关关系（$r=0.606$），与"场景描述"（$r=0.322$）和"直接原因确定"（$r=0.473$）间具有较弱的正相关关系，以上关系均显著。这初步表明通过其他方式获取的行为数据对事故过程和原因的确定有一定帮助，与获取设备或环境数据也有一定关系。然而，设备或环境数据与事故过程和原因确定之间的关系均不显著，可能原因是设备或环境数据较为片面，无法给事故调查提供全面的、关键性的信息。例如，一个瓦斯检测仪仅能提供其感知区域内的瓦斯浓度方面的信息，区域之外的信息或者除了浓度之外的其他信息均无法获得，这显然大大限制了仪器所能够采集到的信息。此外，"场景描述""行为描述"和"直接原因确定"三个变量之间均存在显著的正向关系，且前两者之间相关程度较强（$r=0.873$），假设 H4 得到初步证实。

最后，"人为因素"与"幸存者类型""行为描述"之间存在正相关关系，与其他变量间存在负相关关系，但所有关系均不显著。为了进一步研究"人为因素"的影响，将样本按照人为因素是否为事故主因分为两组（人为因素＝0 和人为因素＝1），并分析了"幸存者类型"和"直接原因确定"两个变量之间的相关性。第一组中两个变量之间的相关性不显著（$p=0.395$），但在第二组中两变量呈显著正相关关系（$r=0.423$）。这表明，在人为因素为主要原因的事故中，见证者死亡对事故学习的影响更大，假设 H2 得到初步验证。

2.6　回归分析

考虑到研究变量为顺序分类变量或二分类变量，运用 SPSS 22.0 版软件中顺序逻辑回归分析功能，分别以"场景描述""行为描述"和"直接原因确定"为因变量进行回归分析，具体结果如下。

2.6.1　场景描述

运用互补的对数-对数链接函数进行"场景描述"与其他变量之间的顺序逻辑回归分析，所得模型的卡方拟合度显著（$p=0.000$），而 Pearson 拟合优度的卡方检验（$p=0.966$）和基于偏差的卡方检验（$p=0.915$）并不显著。前者意味着所得模型与基准模型相比存在显著改进，后者则表明数据与模型预测结果相似。上述数据共同表明该模型可以接受。

表 2-4 为回归分析结果汇总。其中，除了"幸存者类型"对"场景描述"具有显著正向影响（$\beta=2.643$，$Sig.=0.000$）外，"行为数据"也对"场景描述"具有显著正向影响（$\beta=2.115$，$Sig.=0.007$），表明场景描述的信息主要来自于幸存者提供的信息以及仪器设备记录的行为信息。然而，与相关分析的结果类似，"设备/环境数据"的影响较小（$\beta=0.191$）且不显著。此外，尽管并不显著，但"人为因素"对"场景描述"仍然具有负向影响（$\beta=-0.144$），意味着在以人为因素为主要原因的事故中，场景描述信息更不准确。值得注意的是，当"$descen=0$"即因变量取值为 0 时，其显著性降低到 0.65，这意味着在此情况下，模型的预测变得很不准确。一种解释可能是"场景描述"取值为 0 的样本数量太少（$n=3$），以致影响到了其显著性。综上所述，假设 H1 和 H3

得到部分支持。

场景描述的回归分析结果汇总（$n=58$）　　　　表 2-4

变量	β	SE	$Sig.$
场景描述			
$descen=0$	−0.341	0.750	0.650
$descen=1$	3.346	0.743	0.000
$descen=2$	4.703	1.003	0.000
幸存者类型	2.643	0.523	0.000
行为数据	2.115	0.785	0.007
设备/环境数据	0.191	0.487	0.696
人为因素	−0.144	0.422	0.733

2.6.2　行为描述

运用概率链接函数进行"行为描述"与其他解释变量之间的顺序逻辑回归分析，所得模型的卡方拟合度显著（$p=0.000$），而 Pearson 拟合优度的卡方检验（$p=0.266$）和基于偏差的卡方检验（$p=0.981$）并不显著。前者意味着所得模型与基准模型相比存在显著改进，后者则表明数据与模型预测结果相似。上述数据共同表明该模型可以接受。

表 2-5 为回归分析结果汇总。其中，"幸存者类型"和"行为数据"对"行为描述"均具有显著正向影响，表明行为描述的信息主要来自于幸存者提供的信息以及仪器设备记录的行为信息。同时，"设备/环境数据"的影响不显著，且为负向影响（$\beta=-0.99$），表明设备环境数据多的事故报告行为描述较少，原因可能是此类事故中物或环境因素为主因，因此行为描述较少。此外，尽管并不显著，但"人为因素"对"行为描述"具有正向影响（$\beta=0.177$），意味着在以人为因素为主要原因的事故中，行为描述信息更准确。同样值得注

意的是，当 "$desbeh=0$" 即因变量取值为 0 时，其显著性降低到 0.072，这意味着在此情况下，模型的预测变得不太准确。其原因同样可能是 "行为描述" 取值为 0 的样本数量太少（$n=5$），以致影响到了其显著性。综上所述，假设 H1 和 H3 得到部分支持。

行为描述的回归分析结果汇总（$n=58$）

表 2-5

变量	β	SE	Sig.
行为描述			
$desbeh=0$	1.480	0.822	0.072
$desbeh=1$	5.648	1.179	0.000
$desbeh=2$	7.680	1.411	0.000
幸存者类型	3.536	0.655	0.000
行为数据	2.669	1.033	0.010
设备/环境数据	-0.990	0.702	0.159
人为因素	0.177	0.476	0.711

2.6.3　直接原因确定

运用负对数-对数链接函数进行 "直接原因确定" 与其他解释变量之间的顺序逻辑回归分析，调整后的模型包括行为数据、场景描述和人为因素三个自变量。所得模型的卡方拟合度显著（$p=0.000$），而 Pearson 拟合优度的卡方检验（$p=0.601$）和基于偏差的卡方检验（$p=0.493$）并不显著。前者意味着所得模型与基准模型相比存在显著改进，后者则表明数据与模型预测结果相似。上述数据共同表明该模型可以接受。

表 2-6 为回归分析结果汇总。其中，"行为数据" 和 "场景描述" 对 "直接原因确定" 具有正向显著影响，前者影响更大。同时，"人为因素" 对 "直接原因确定" 也存在正向影响，显著性则稍低（$\beta=0.748$，$p=0.08$）。这意味着通过其他方式获取

的有关人员行为的数据对于确定事故直接原因非常有帮助，而关于事故过程和场景的描述也有助于确定事故直接原因。同时，上述关系受到"人为因素"的调节作用。

从最终模型中被排除的变量包括"设备/环境数据""幸存者类型"以及"行为描述"。"设备/环境数据"被排除是可以预期的，因为之前的相关分析和回归分析均显示其作用并不显著。然而，令人意外的是"幸存者类型"和"行为描述"也被排除出最终模型。对于前者，原因可能是"幸存者类型"主要通过"场景描述"和"行为描述"间接影响"直接原因确定"，在"场景描述"存在的情况下，"幸存者类型"对"直接原因确定"的直接影响无法观测到。对于后者，一个解释是"行为描述"变量主要针对人的因素，而"直接原因确定"却需要涵盖人、物和环境三类因素，因此二者之间的关系变得不清晰。综上所述，假设 H2、H3 和 H4 得到部分验证。

直接原因确定的回归分析结果汇总（n＝58）　　表 2-6

变量	β	SE	$Sig.$
直接原因确定			
$dircaus$＝2	0.089	0.473	0.850
$dircaus$＝3	3.284	0.788	0.000
行为数据	1.966	0.601	0.001
场景描述	0.678	0.255	0.008
人为因素	0.748	0.427	0.080

2.7　研究结果分析与结论

2.7.1　研究结果分析

当前关于事故人为因素方面的研究正在迅速发展。各种实证方法，如问卷调查、现场访谈和实验都已被广泛应用。然而，由于不可能询问已经死亡的个体，这些研究中使用的样本均存在或多或少的偏差，数据也存在缺口。这可能导致在现有研究中，以下三类信息被忽视。

1. 事故触发者引发事故的某些关键心理信息

例如，在 2018 年 10 月 28 日重庆大巴车坠江事故中，通过痕迹勘查可以获取关于车辆碰撞、坠江过程的信息，并且可以确定驾驶不当为事故直接原因。然后，通过查阅驾驶记录、视频记录等其他途径，排除无证驾驶等原因，并最终确定驾驶员在驾驶时与乘客发生过争吵、斗殴的事实。在没有其他线索的情况下，可以推断驾驶员争吵、斗殴导致情绪状态波动最终引发驾驶不当。然而，驾驶员在斗殴过程中以及结束后存在一些反常的应对行为，如没有采取有效制动措施、调整方向盘撞向桥梁护栏等。在驾驶员死亡的情况下，这些反常行为的内在心理原因便再也无法确定。调查者仅能凭借推测，大致判断驾驶员因注意力分散而未采取有效制动措施，因应急避让对面来车导致车辆撞向桥梁护栏。然而，真相是否如此？是否存在尚未被调查者意识到的心理因素导致了这些反常行为？显然，事故触发者的死亡导致了某些心理信息的永久性缺失，而这种缺失到底会给事故学习甚至整个安全管理理论造成何种影响尚需深入研究。

2. 其他见证者在事故发生前后的心理状态和行为

例如，在《新疆东方金盛工贸有限公司米泉沙沟煤矿"10.24"重大顶板事故调查报告》中，见证者反应的描述如下："22 时 51 分左右，金从贵正在回风顺槽打钻，突然耳朵感觉'嗡'的一下，意识到冒顶了，接着一股风从工作面压过来。在回风顺槽作业的刘小东、陈正华、乌满江感到突然一阵冷风吹来，乌满江喊'来压了，快跑！'。刘小东闻声往外跑了几步又返回来拿上工具包，转身向外跑，慌乱中跟随其他人折回工作面跑到运输顺槽，看见乌满江、史磊倒在转载机旁，跨过乌满江后也倒在转载机旁；陈正华正在回风顺槽内距工作面 30 m 处拆卸轨道，听到喊声立即向外跑去，没跑几步就昏倒在地，醒来后挣扎着走到石门皮带机头新鲜风流处。当班公司安检员冉文科正在运输顺槽里往外走，发现风流突然停滞并逆转，就赶紧趴下。过了 3 分钟左右，冉文科感觉风向正常了，爬起来跑到皮带机头给调度室打电话"。显然，见证者在这次事故中的反应是明确的，其心理状态也是可以事后问询的，因而很容易判断金从贵、乌满江、刘小东、陈正华应急处置行为的适当性，这对改善人员的心理教育、应急培训和演习训练具有重要意义。相比之下，在其他一些报告中，关于见证者反映的信息很少，因此也难以提出具体建议。例如，在《贵州省六枝工矿（集团）公司新华煤矿"6·11"重大煤与瓦斯突出事故调查报告》中，关于事故过程和处置的描述为"1 日 0 时 5 分，1601 回风顺槽 2 号联络巷工作面发生煤与瓦斯突出，该工作面的 T1 瓦斯浓度 10％，T2 瓦斯浓度 4.13％。经清点 10 人被困……救援队在距离斜坡开口 310 m 处发现了第一个受害者，然后在 0 点 40 分……发现了距离井底 50 m 距离的第九名受害者……"。显然，对比以上两份事故调查报告可以看出，其他见证者的死亡导致了事故发生前后其心理状态和行为信息的缺失，这种缺失的影响同样值得深入研究。

3. 使用其他方法无法获得的某些关键设备或环境信息

例如，在《兰新铁路第二双线甘青段小平羌隧道"4.20"重大事故调查处理报告》中，对事故过程的描述为"4 月 20 日 4 时 05 分，带班员陈吓文出去组织后续施工材料，当走到距离作业面约 40 m 处时突然听见身后一声巨响，回头看见隧道喷浆作业面上方围岩发生了坍塌，导致初期支护的工 22 型钢拱架及喷浆作业台架被砸跨，12 名作业人员全部被埋入坍塌体中"。显然，通过幸存者陈吓文的描述，调查者得到了事故发生具体时间、具体区域以及发生过程的一些细节信息。然而，由于卷入事故的见证者已经死亡，关于围岩从开裂到破裂再到崩塌整个过程的具体信息无从知晓，也因此无法提出加强围岩应力监测和改善围岩支撑的具体建议。

总之，上述三种类型的信息丢失是由事故见证者死亡导致的。这也引发了一个安全事故所特有的悖论，被命名为"死亡悖论"。"死亡悖论"可以定义为这样一个事实，即越靠近事件核心区域的人越有可能获得关于事故的关键信息，但也越可能死于事故中。从前文实证研究的结果来看，"死亡悖论"确实存在，而且受多种因素的影响，也对事故学习产生负面影响。

2.7.2　研究结论

本研究首先围绕见证者死亡的影响问题提出了 4 个假设，而后采用事故调查报告作为数据来源，经筛选得到 58 份适用的报告。紧接着，基于假设和报告内容设计了 7 类变量并对每一个样本中的每一类变量进行赋值。下一步，分别运用 Spearman 相关分析和顺序逻辑回归分析对数据进行了实证研究，得到以下结论与启示。

1. 幸存者所具有的信息对于事故学习非常重要

这些信息涵盖了人员行为以及事件前后物体和环境的变化过程，有助于调查者掌握事故发生的过程，也能够间接帮助调查者确定事故直接原因和深层次原因。

2. 通过其他方式获取的人员行为信息对于事故学习非常重要

然而，通过其他方式获取的环境/设备信息对事故学习的影响却不显著。其原因可能是环境/设备监测仪器记录的信息多为单一角度、小范围内的片面信息。

3. 见证者死亡与事故学习的关系受事故原因类型的影响

在人为因素为主因的事故中，见证者死亡对事故学习的影响更大也更显著，意味着见证者所具有的信息对于确定事故的人为因素，特别是心理和行为方面的因素具有独特作用。

4. 见证者死亡与事故学习的关系受行业特征的影响

对于现场能够留下大量线索的事故，如车辆碰撞、坠落等，调查者能够通过其他方式获取较为完整的事故信息，因此见证者的作用相对较小，甚至调查报告中都没有见证者的描述。

第 3 章　特定行业实证研究

3.1　研究背景

前一章初步证实了个体死亡对安全知识积累和扩散的负面影响，并提出了"死亡悖论"。然而，单纯用高危行业的重特大事故调查报告作为样本，数量偏小，对个体死亡与安全知识积累的关系研究也不够深入。鉴于此，本章选取建筑业作为特定行业，对相关机制进行深入研究。

2005 年到 2014 年间，我国建筑业总产值保持稳步增长态势，年平均增长率均在 10% 以上，到 2014 年底完成建筑业总产值 176713.42 亿元。然而，由于施工环境复杂、人员密集且流动性大，建筑业已成为安全事故频发的高危行业。图 3-1 即为 2005 年到 2016 年间，作为建筑业重要组成部分的房屋市政工程

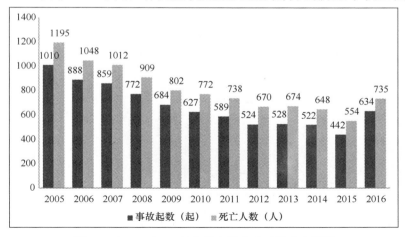

图 3-1　2005—2016 年全国房屋市政工程安全情况

的安全事故统计图。由图可知，近年来，在相关企业和政府部门的努力下，房屋市政工程的事故起数和死亡人数总体下降，但仍有反弹的趋势。

同时，有关统计表明，英国建筑业的万人死亡率低于0.42，而我国建筑业的万人死亡率却高达0.65。由此可见，我国建筑业安全生产形势依然严峻，相关安全生产事故值得深入研究。

本章的主要内容安排如下：3.2 节提出了信息采集方式、调查资源、事故特征以及事故直接原因共 4 类 11 个研究假设；3.3 节在 3.2 节的基础上选定了 78 份事故调查报告作为研究数据的来源并按照事故类型和工程类型进行了描述分析；3.4 节基于假设设计了 9 个变量并详细阐述了赋值原因，也对变量赋值进行了描述性统计；3.5 节运用组间分析方法得到不同变量组间对比的结果并进行了解释性说明；3.6 节运用全样本和四组样本分别进行路径分析，并对结果进行讨论；3.7 节对组间分析和路径分析的结果进行了对比分析和讨论；最后在 3.8 节对本章的研究进行了小结。

3.2　研究假设

3.2.1　信息采集方式的影响

人是信息的重要载体，事故中的幸存者可以将其对事故过程的所见所闻提供给调查者，这有利于事故调查者还原事故过程。幸存者离事故核心区域越近，了解到的事故信息就会越准确。由此，本研究提出以下假设：

H1a：幸存者所拥有的信息对还原现场物的状态产生正向作用，幸存者所拥有的信息越多，越有利于还原现场物的状态。

H1b：幸存者所拥有的信息对还原现场人的行为产生正向作用，幸存者所拥有的信息越多，越有利于还原现场人的行为。

除了人，其他物品或环境也可以成为信息的载体。通过现场勘察、视频记录及各类监控仪器等获取的现场物或行为数据将有助于调查者了解事故过程。由此，本研究提出以下假设：

H2a：事故现场物的数据对还原事故现场物的状态产生正向作用，收集到的物的数据越多越有利于还原事故现场。

H2b：事故现场行为数据对还原事故现场人的行为产生正向作用，收集到的行为数据越多越有利于还原事故现场。

3.2.2　调查资源的影响

我国《生产安全事故报告和调查处理条例》第十九条指出，"特别重大事故由国务院或者国务院授权有关部门组织事故调查组进行调查；重大事故、较大事故、一般事故分别由事故发生地省级人民政府、设区的市级人民政府、县级人民政府负责调查；省级人民政府、设区的市级人民政府、县级人民政府可以直接组织事故调查组进行调查，也可以授权或者委托有关部门组织事故调查组进行调查"。由此可推出：①事故等级不同，事故调查组的政府层次就会不同；②同一等级事故的发生地不同，调查组配备的设备、专业人员水平等可能不同。调查组织者的政府层级越高，可调配利用的资源应该会越多。由此，本研究提出以下假设：

H3a：事故调查组织者的政府层级对还原事故现场物的状态产生正向作用，层级越高越有利于还原事故现场物的状态。

H3b：事故调查组织者的政府层级对还原事故现场人的行为产生正向作用，层级越高越有利于还原事故现场人的行为。

同时，我国事故调查的经费来源一般是事故单位或事故调查人员的派出机构（曾明荣和王兴，2015）。调查组所在地区经济越发达，政府机构提供的调查经费可能会更多，调查组专业水平也可能更高。由此，本研究提出以下假设：

H4：事故调查组所在地的经济水平对还原事故过程产生正向作用，经济水平越高越有利于事故信息的收集。

3.2.3 事故特征因素的影响

本研究主要考虑了事故过程、作业空间和事故现场留存信息三类可能影响事故信息获取的事故特征因素。举例而言，事故过程方面，爆炸、坍塌等短过程事故，现场人员可能很难注意事故发生瞬间的信息并记忆下来；作业空间方面，建筑工程的作业空间开阔，有利于事故现场勘察，而管道工程的空间封闭，事故信息的获取更多依赖幸存者；现场留存信息方面，高处坠落、物体打击等现场留存信息清晰的事故，现场破坏小，有利于事故调查者还原事故过程并进行事故归因，而爆炸、坍塌等事故破坏面积大，信息获取难度大。由此，本研究提出以下假设：

H5：事故过程长短对还原事故过程产生正向影响，事故过程越短越不利于事故信息的获取。

H6：作业空间对还原事故过程产生正向影响，作业空间越开阔越有利于事故信息的获取。

H7：现场留存信息对还原事故过程产生正向影响，留存信息越清晰越有利于事故信息的获取。

3.2.4　事故描述对归因的影响

一般来说，人的不安全行为以及物或环境的不安全状态是事故发生的直接原因。事故调查者在对事故进行归因时主要依靠已还原的事故过程，关于事故过程的物的状态或人的行为描述越完整越有利于事故归因。由此，本研究提出以下假设：

H8：事故过程中物的状态或人的行为描述对事故归因产生正向作用。

3.3　数据描述

3.3.1　数据来源

2007 年 3 月 28 日国务院第 172 次常务会议通过的《生产安全事故报告和调查处理条例》中指出，"事故调查报告应当包括下列内容：事故发生单位概况、事故发生经过和事故救援情况、事故的人员伤亡和直接经济损失、事故发生的原因和事故性质、事故责任的认定以及对事故责任者的处理建议、事故防范和整改措施。"本章搜集了 2005—2016 年间公开发布的 78 起建设工程领域生产安全事故的调查报告，将事故调查报告中的所有内容都作为分析文本，选定了 7 个变量进行研究。78 份事故调查报告均可在国家安全生产监督管理总局以及各省（直辖市）安全生产监督管理局官网公开查阅、下载。

3.3.2　描述性统计

1. 按照事故类型分类

78 个样本涵盖了 7 种事故类型，分别为坍塌、物体打击、触电、高处坠落、中毒/窒息、爆炸和火灾。数量分布见图 3-2。

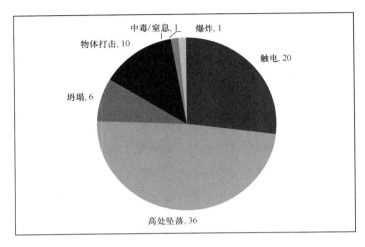

图 3-2　78 个案例事故类型分布图

由图 3-2 可知，在样本中坍塌事故居多，数量高达 36 例，占比超过 46%；其次为高处坠落事故，数量为 20 例，占比近 26%；第三为中毒/窒息事故，数量为 10 例，占比近 13%；而后分别为物体打击事故 6 例，触电事故 4 例，爆炸和火灾各 1 例。容易看出，坍塌、高处坠落以及中毒/窒息事故是建筑工程领域需要重点关注的事故类型。

2. 按照工程类型分类

在 78 个案例中包括 4 种建设工程类型，分别为房屋建筑工程、管道工程、隧道及地下工程、桥梁工程。其中，房屋建筑工程中坍塌事故 25 起、高处坠落事故 19 起、物体打击事故 5 起、中毒/窒息事故 2 起、触电事故 4 起；管道工程中坍塌事故 4 起、物体打击事故 1 起、中毒/窒息事故 8 起；隧道及地下工程中坍塌事故 5 起、高处坠落事故 1 起、爆炸事故 1

起；桥梁工程中坍塌事故 2 起、火灾事故 1 起。

由数据可知，在建设工程类型中，房屋建筑工程事故所占比例最大，可能与近几年房地产业的迅猛发展有关。之后按占比排序分别为管道工程事故、隧道及地下工程事故、桥梁工程事故。在房屋建筑工程事故中坍塌、高处坠落两类事故发生频率较高，而管道工程中中毒/窒息事故居多，隧道/地下工程中坍塌事故居多。

3.4　变量描述

根据事故信息收集的影响因素和事故归因的因果逻辑关系设计了 9 个研究变量并进行赋值。考虑到"幸存者类型""物的数据""行为数据"三个变量与第 2 章变量类似，此处仅做简要描述。各变量的含义及赋值具体如下。

3.4.1　幸存者类型

本章仍然将事故见证者分为事故触发者、核心见证者和外围见证者三类。事故触发者是指其行为直接导致事故发生的人；核心见证者是指位于事故核心区域，见证了事故发生初始状态的人；外围见证者是指位于核心区域以外，见证了事故后期演化的人。"幸存者类型"为有序分类变量，若事故中没有见证者幸存则赋值为 0；仅有外围见证者幸存则赋值为 1；有核心见证者幸存则赋值为 2；若事故触发者幸存则赋值为 3。

3.4.2　物的数据和行为数据

事故中物的数据主要来自于两方面，一是事故现场原有的配套记录设施，比如视频记录器、位移监控仪、压力监控仪等；二是事故发生后的现场勘察，比如现场支撑杆、脚手架的搭设点等。事故中行为数据则主要来源于现场监控。本章仍然将"物的数据"和"行为数据"设置为二分类变量，用以表示事故调查中是否存在物的数据和行为数据。如果有相关的监控或勘察信息，变量赋值为1，否则为0。

3.4.3　物的描述和行为描述

本章仍然将"物的描述"和"行为描述"设置为有序分类变量，用以表示事故发生时现场物体/环境和人的行为描述的准确程度，前者包括事故发生的前期征兆、初始状态以及后期演化，后者则指事故发生时事故触发者、核心见证者或外围见证者的行为。关于"物的描述"变量，如果报告中存在明显的事故前期征兆信息，且对物/环境的变化过程描述得很详细，变量赋值为3；若报告中存在事故发生时物/环境的初始状态，过程描述比较详细，则变量赋值为2；若报告中只存在物/环境的后期演化的信息，则变量赋值为1；若报告中很难找到事故发生时物/环境的描述，变量赋值为0。关于"行为描述"变量，若存在事故触发者行为信息且描述清晰，变量值为3；若存在核心见证者的行为信息且描述清晰，变量值为2；若仅存在外围见证者的行为信息，变量值为1；若没有或几乎找不到任何一种见证者的行为信息，变量值为0。

3.4.4　直接物因和直接人因

本章仍然沿用第2章"直接原因确定"变量的赋值标准，只是将直接原因细分为物的原因和人的原因两类，分别对应"直接物因"和"直接人因"变量。两类变量均设置为有序分类变量，根据调查者判定事故原因的准确程度进行取值。关于"直接物因"的取值，若物因不是主因，则取值为 0；若物因可以大范围的确定，则取值为 1；若物因可以在小范围内确定，则取值为 2；若可以确定物因为某一明确的物，则取值为 3。关于"直接人因"的取值，若人因不是主因，则取值为 0；若事故人因可以大范围确定，则取值为 1；若可以在小范围内确定，则取值为 2；若可以确定为某人，则取值为 3；若可以确定人触发事故的根本原因，比如当时的心理状态，则取值为 4。

3.4.5　事故调查组层次

"调查组层次"为有序分类变量，层次越高，能调动的调查设备、专业人员就越多，越有利于事故信息的获取。根据事故的等级、影响力，事故调查组的层次可分为国家级、省级（省、自治区、直辖市）、地级（地级市、自治州）和县级（县级市、县、自治县），分别赋值 4、3、2、1。

3.4.6　人均 GDP

"人均 GDP"为有序分类变量，用以表示调查组所在地区事故发生当年的经济水平。经济水平越高，其所拥有的资源越多，越有利于事故信息的获取。从涉事地区事故发生年的国民经济和社会发展统计公报采集到 52 组数据作为人均 GDP 分类参考数据。值得注意的是，由于一些事故发生在同一年份和同一地区，因此人均 GDP 数据总数小于样本数 78。

利用 SPSS "系统分类"功能进行聚类分析，将类型数设定为 4、5、6 类情况时，各组组成如表 3-1 所示。其中地区年份表示事故所在地区以及发生的年份，如上海 16 为 2016 年上海的人均 GDP。

人均 GDP 分类情况　　　　　　　　表 3-1

地区年份	4 类	5 类	6 类	地区年份	4 类	5 类	6 类
1：上海 16	4	5	6	27：延安 14	2	3	3
2：天津 15	4	5	5	28：江苏 11	2	3	3
3：北京 15	4	5	5	29：潍坊 15	2	3	3
4：天津 14	4	5	5	30：石家庄 16	2	3	3
5：武汉 15	4	5	5	31：辽宁 11	2	3	3
6：北京 14	4	5	5	32：石家庄 15	2	3	3
7：长沙 13	4	5	5	33：襄阳 13	2	3	3
8：宁波 14	4	5	5	34：西安 11	1	2	2
9：上海 14	4	5	5	35：北京 05	1	2	2
10：北京 13	4	5	5	36：宁夏 15	1	2	2
11：宁波 13	4	5	5	37：西宁 13	1	2	2
12：上海 13	4	5	5	38：南宁 14	1	2	2
13：榆林 14	4	5	5	39：辉县 15	1	2	2
14：上海 12	4	4	4	40：河南 15	1	2	2
15：济南 14	3	4	4	41：湖北 12	1	2	2
16：北京 11	3	4	4	42：文山 15	1	2	2
17：唐山 16	3	4	4	43：安徽 15	1	2	2
18：唐山 15	3	4	4	44：安徽 14	1	2	2
19：厦门 12	3	4	4	45：山西 12	1	2	2
20：郑州 15	3	4	4	46：安徽 13	1	2	2
21：上海 10	3	4	4	47：信阳 14	1	1	1
22：北京 10	3	4	4	48：邓州 16	1	1	1
23：徐州 16	2	3	3	49：海东 14	1	1	1
24：山东 15	2	3	3	50：邓州 15	1	1	1
25：福建 14	2	3	3	51：甘肃 12	1	1	1
26：广东 14	2	3	3	52：湖南 07	1	1	1

注：唐山 16，代表 2016 年唐山市的人均 GDP。

由表 3-1 可知，类型数为 6 类时，第 6 组仅有上海 2016，与其他组的数量差距较大；4 类和 5 类在 1、2、3 组的组成基本相同，但 4 类中 46 号"安徽 13"的人均 GDP 和 47 号"信阳 14"的人均 GDP 差值约为 0.5，大于 4 类中 4 组组间差 0.1，因此 46 号与 47 号应分为两组，即 52 个数据分为 5 类。

由图 3-3 聚类冰柱图可知，因为 52 个数据被分为 5 类，以 y＝5 为分界线，由左向右，凡是条形柱相连无间隔的即为同一类。第一类包括序号为 47 到 52 的数据，变量赋值为 1，表示人均 GDP 水平最低的一类；第二类包括序号为 34 到 46 的数据，变量赋值为 2；第三类包括序号为 23 到 33 的数据，变量赋值为 3；第四类、第五类分别为序号 14～22 和序号 1～13 的数据，变量赋值为 4 和 5。

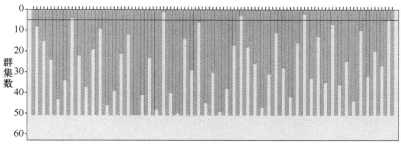

图 3-3　人均 GDP 聚类冰柱图

注：横线为 y＝5。

3.4.7　变量汇总

由表 3-2 可知，在 78 个样本中"幸存者类型"取值为 0、1、2、3 的样本数分别为 2、20、45、11；"物的数据"取值 0、

1 的样本数分别为 5、73；"行为数据"取值 0、1 的样本数分别
为 75、3；"物的描述"取值为 0、1、2、3 的样本数分别为 1、
7、30、40；"行为描述"取值为 0、1、2、3 的样本数分别为 4、
24、32、18；"直接物因"取值为 0、1、2、3 的样本数分别为
3、6、31、38；"直接人因"取值为 0、1、2、3、4 的样本数分
别为 11、21、21、24、1；"调查组层次"取值为 1、2、3、4 的
样本数分别为 3、27、48、0；"人均 GDP"取值为 1、2、3、4、
5 的案例数分别为 6、15、11、25、21。

变量汇总表　　　　　　　　　　　　表 3-2

变量	取值					
	0	1	2	3	4	5
幸存者类型	2	20	45	11	—	—
物的数据	5	73	—	—	—	—
行为数据	75	3	—	—	—	—
物的描述	1	7	30	40	—	—
行为描述	4	24	32	18	—	—
直接物因	3	6	31	38	—	—
直接人因	11	21	21	24	1	—
调查组层次	—	3	27	48	0	—
人均 GDP	—	6	15	11	25	21

3.5　组间分析

3.5.1　方法介绍

本章所用组间分析方法包括独立样本 t 检验和方差分析

（ANOVA）两类。前者主要用来比较两组间均值的差异，后者则用于三组或三组以上的平均数差异检验。利用 SPSS 进行独立样本 t 检验，首先判断每组 Levene 检验中的 "F 值" 是否显著，若 "F 值" 显著则表示两组方差不相等，继而再看 "方差不相等" 所对应的 t 值显著性做最终判断；若 "F 值" 不显著则表示两组方差相等，继而看 "方差相等" 所对应的 t 值显著性做最终判断。

利用 SPSS 软件进行单因素方差分析，若整体 F 值达到显著，则表示至少有两个组别间的均值差异达到显著水平，然后通过进一步的事后比较得知具体组，可用方法包括较为保守的 Scheffe 法、普遍采用的 Tukey HSD 法、最小显著差异法 LSD 法以及 Tamhane's T2 检验法、Dunnett's T3 检验法、Games-Howell 检验法、Dunnett's C 检验法等；若整体 F 值没有达到显著水平，则表示样本组间均值差异不显著。

3.5.2　建设工程类型的影响

根据建设工程的不同特点，将搜集到的事故报告分为 4 大类并赋值。赋值为 1 代表房屋建筑工程，样本数为 55；2 为管道工程，样本数为 13；3 为隧道及地下工程，包括地铁、公路和铁路隧道等，样本数为 7；4 为桥梁工程，样本数为 3。利用方差分析法对 "人均 GDP" "调查组层次" "幸存者类型" "物的描述" "行为描述" "直接物因" "直接人因" 7 个变量在 4 种不同建设工程类型间的均值差异进行分析，得到方差同质性检验表 3-3。

<table>
<tr><td colspan="5" align="center">方差同质性检验表　　　　　　　　　　　　　表 3-3</td></tr>
<tr><td>变量</td><td>Levene 统计量</td><td>自由度 $df1$</td><td>自由度 $df2$</td><td>显著性</td></tr>
<tr><td>人均 GDP</td><td>5.175</td><td>3</td><td>74</td><td>0.003</td></tr>
<tr><td>调查组层次</td><td>5.748</td><td>3</td><td>74</td><td>0.001</td></tr>
</table>

变量	Levene 统计量	自由度 $df1$	自由度 $df2$	显著性
幸存者类型	2.735	3	74	0.050
物的描述	3.579	3	74	0.018
行为描述	1.987	3	74	0.123
直接物因	0.423	3	74	0.737
直接人因	0.630	3	74	0.598

如表 3-3 所示,"行为描述""直接物因"和"直接人因"3 个变量的显著性均未达到 0.05 的显著水平,表示 3 组数据的方差差异均不显著,未违反方差齐性的假定,可利用 Tukey 法进行事后比较。同时,表中剩余 4 个变量的显著性均达到 0.05 的显著水平,表示四组数据的方差不同质,违反了方差齐性的假定,所以在事后比较时采用了 SPSS 提供的 Tamhane 和 Games-Howell 两种适用的分析方法。最终,得到方差分析摘要如表 3-4 所示。

建设工程类型差异比较的方差分析摘要表　　　　　　**表 3-4**

		平方和	平均平方和	F 检验	Tukey HSD	Tamhane	Games-Howell
人均 GDP	组间	6.885	2.295				
	组内	120.603	1.630	1.408	—	n. s.	n. s.
	总和	127.487	—				
调查组 层次	组间	0.566	0.189				
	组内	24.472	0.331	0.571*	—	—	4-1 (0.436)
	总和	25.038	—				4-2 (0.462)
幸存者 类型	组间	0.820	0.273				
	组内	36.013	0.487	0.562	—	n. s.	n. s.
	总和	36.833	—				

		平方和	平均平方和	F 检验	Tukey HSD	Tamhane	Games-Howell
物的描述	组间	2.487	0.829				
	组内	36.192	0.489	1.695	—	n. s.	n. s.
	总和	38.679	—				
行为描述	组间	9.054	3.018				
	组内	46.433	0.627	4.810*	1-2(0.652)	—	—
	总和	55.487	—				
直接物因	组间	2.225	0.742				
	组内	45.108	0.610	1.217	n. s.	—	—
	总和	47.333	—				
直接人因	组间	11.242	3.747				
	组内	78.052	1.055	3.553*	1-3 (1.088)	—	—
	总和	89.295	—				

注：n. s. 表示 $p > 0.05$；

　　* 表示 $p < 0.05$。

由表 3-4 可知，"行为描述"在 Tukey HSD 栏的"1-2 (0.652)"表示"行为描述"在 1-房屋建筑工程和 2-管道工程中的均值差为 0.652（下同），显著性小于 0.05，说明在房屋建筑工程和管道工程中事故的行为描述详细程度存在显著差异，且前者描述更详细。原因可能是房屋建筑工程作业空间开放，见证者多且容易存活；而管道工程事故中见证者少且不易存活，同时见证者行为时间也较短。

"直接人因"在 1-房屋建筑工程和 3-隧道及地下工程中的均值差为 1.088，显著性小于 0.05，说明房屋建筑工程中直接人因的确定更准确。原因可能是在房屋建筑工程中，事故现场留存信息多，见证者也容易存活；而隧道及地下工程中多为坍塌事故，事故波及面大、死亡人数多，了解事故起始状况的幸存者较少，且很难通过现场勘察来推断事故发生的直接人因。

"调查组层次"在 4-桥梁工程和 1-房屋建筑工程中的均值差为 0.436，在 4-桥梁和 2-管道工程中的均值差为 0.462，两组差异的显著性均小于 0.05，说明桥梁工程事故的调查组层次比房屋建筑工程和管道工程事故的调查组层次更高。可能原因是房屋建筑工程和管道工程安全事故的死亡人数、损失程度和负面影响均比桥梁工程少，因而调查组行政层级相对低。

3.5.3 事故类型的影响

将样本按照事故类型进行分类赋值，值为 1 表示触电事故，样本数为 4；2 为高处坠落，样本数为 20；3 为坍塌，样本数为 36；4 为物体打击，样本数为 6；5 为中毒/窒息，样本数为 9；6 为爆炸，样本数为 1；7 为火灾，样本数为 1；8 为人为破坏，样本数为 1。因为爆炸、火灾及破坏事故各一例，不符合方差分析中每组个数至少为 2 的要求，因此删除。利用方差分析法对 7 个变量在 5 种事故类型间差异进行分析，得到方差同质性检验表 3-5。

方差同质性检验表   表 3-5

变量	Levene 统计量	自由度 $df1$	自由度 $df2$	显著性
人均 GDP	2.097	4	70	0.090
调查组层次	1.316	4	70	0.273
幸存者类型	3.709	4	70	0.009
物的描述	8.077	4	70	0.000
行为描述	0.969	4	70	0.430
直接物因	5.459	4	70	0.001
直接人因	1.348	4	70	0.261

如表 3-5 所示，"人均 GDP""调查组层次""行为描述""直接人因"4 个变量的显著性均未达到 0.05 的显著水平，表示四组数据的方差差异均不显著，即未违反方差齐性的假定，可利用 Tukey 法进行事后比较。同时，表中剩下 3 个变量的显著性均达到 0.05 的显著水平，表示三组数据的方差不同质，违反了方差齐性的假定，则采用 SPSS 提供的 Tamhane 和 Games-Howell 两种适用的方法分析。最终，得到方差分析摘要如表 3-6 所示。

事故类型差异比较的方差分析摘要表　　　　表 3-6

		平方和	平均平方和	F 检验	Tukey HSD	Tamhane	Games-HoweⅡ
人均 GDP	组间	7.269	1.817				
	组内	113.478	1.621	1.121	n.s.	—	—
	总和	120.474	—				
调查组 层次	组间	1.141	.285				
	组内	23.339	.333	0.856	n.s.	—	—
	总和	24.480	—				
幸存者 类型	组间	3.969	.992				
	组内	30.778	.469	2.257	—	n.s.	n.s.
	总和	34.747	—				
物的 描述	组间	4.976	1.244				
	组内	32.811	.469	2.654*	—	4-2(0.450)	4-2(0.450)
	总和	37.787	—			4-3(0.778)	4-3(0.778)
行为 描述	组间	7.686	1.921				
	组内	45.061	.644	2.985*	2-3(0.672)	—	—
	总和	52.747	—				
直接 物因	组间	3.731	.933				
	组内	37.256	.532	1.753***	—	1-3(0.778)	1-2(0.700)
	总和	40.987	—				1-3(0.778)

		平方和	平均平方和	F检验	Tukey HSD	Tamhane	Games-HowelI
直接人因	组间	31.202	7.801		1-3(1.389)		
	组内	55.944	.799	9.760***	2-3(1.389)	—	—
	总和	87.147	—		5-3(1.111)		

注：n.s. 表示 $p>0.05$；

  * 表示 $p<0.05$；

  *** 表示 $p<0.001$。

由表 3-6 可知，"物的描述"在 4-物体打击与 2-高处坠落、3-坍塌间的均值差分别为 0.450、0.778，且均显著，说明物体打击事故报告中物的描述比高处坠落、坍塌事故中物的描述更加清晰。可能原因是物体打击事故中，打击物状态的变化容易通过现场勘查推断出来，而坍塌事故中物的状态信息较难得到，高处坠落又多与物体变化无关。

"行为描述"在 2-高处坠落和 3-坍塌中的均值差为 0.672，显著性小于 0.05，说明高处坠落事故中的行为描述比坍塌类事故中行为描述更详细。可能原因是高处坠落类事故多由人的不安全行为引发、现场痕迹容易辨别，而坍塌类事故死亡人员多，现场破坏严重，获取核心区域人员行为信息比较困难。

"直接物因"在 1-触电与 2-高处坠落、3-坍塌组间的均值差分别为 0.700、0.778，显著性均小于 0.05，表明触电事故中直接物因的描述更加详细，这可能是因为触电事故现场保存完好，且事故过程较简单，容易勘察判断；同时高处坠落涉及物因较少，而坍塌事故中物因的准确确定又比较困难。

"直接人因"在 3-坍塌与 1-触电、2-高处坠落、5-中毒/窒息组间的均值差分别为 1.389、1.389、1.111，差异的显著性均小于 0.05，说明坍塌事故中直接人因的确定比触电、高处坠落、中毒/窒息中的人因确定更加困难。原因同样可能是坍塌类事故死亡人员多，现场破坏严重，确定人为因素与事故的关系较为困难。

3.5.4　事故过程的影响

按照事故过程长短对样本进行分类并赋值，过程短的事故类型包括爆炸、坍塌、触电、物体打击、高处坠落，赋值为 1；过程长的事故类型包括火灾、中毒/窒息，取值为 2。利用独立样本 t 检验分析 7 个变量在事故过程长、短两组间是否存在差异，得到独立样本 t 检验摘要表 3-7。

独立样本 t 检验摘要表　　　　　　　表 3-7

		Levene 检验		t 检验			
		F	$Sig.$	t	df	$Sig.$	均值差值
人均 GDP	假设方差相等	3.654	.060	-1.362	76	.177	$-.567$
	假设方差不相等			-1.546	15.081	.143	$-.567$
调查组层次	假设方差相等	3.534	.064	$-.943$	76	.349	$-.175$
	假设方差不相等			-1.108	15.651	.284	$-.175$
幸存者类型	假设方差相等	1.563	.215	$-.390$	76	.698	$-.088$
	假设方差不相等			$-.299$	11.605	.771	$-.088$
物的描述	假设方差相等	13.672	.000	2.543	76	.013	.600
	假设方差不相等			1.664	10.979	.124	.600
行为描述	假设方差相等	.391	.534	.010	76	.992	.003
	假设方差不相等			.009	12.481	.993	.003
直接物因	假设方差相等	.631	.430	.689	76	.493	.176
	假设方差不相等			.569	12.007	.580	.176
直接人因	假设方差相等	1.442	.234	-1.335	76	.186	$-.465$
	假设方差不相等			-1.574	15.699	.135	$-.465$

由表 3-7 可知,"人均 GDP"的 Levene 检验 F 值为 3.654,显著性 0.060>0.05,则接受虚无假设,即两组样本方差相等,此时对应的 t 值为-1.362,显著性为 0.177>0.05,最终确定"人均 GDP"在两组间没有显著差异。同理,"调查组层次""幸存者类型""行为描述""直接物因"和"直接人因"Levene 检验显著性均大于 0.05,而方差相等对应的 t 值显著性也大于 0.05,表明这些变量在两组间均没有显著差异。"物的描述"的 Levene 检验 F 值为 13.672,显著性为 0.000<0.05,则拒绝虚无假设,即两样本方差不相等,此时"假设方差不相等"对应的 t 值为 1.664,显著性为 0.124>0.05,表明"物的描述"在两组间也没有显著差异。综上所述,事故过程长短对 7 个变量的影响均不显著。

3.5.5 物的数据的影响

与 3.4.2 中变量描述和赋值相同,存在物的数据的样本赋值为 1,不存在的样本赋值为 0。运用独立样本 t 检验方法探索该变量的存在是否会对 7 个变量产生影响,得到检验摘要表 3-8。

独立样本 t 检验摘要表　　　　　表 3-8

		Levene 检验		t 检验			
		F	$Sig.$	t	df	$Sig.$	均值差值
人均 GDP	假设方差相等	1.136	.290	.548	76	.585	.264
	假设方差不相等			.600	9.132	.563	.264
调查组层次	假设方差相等	50.711	.000	2.274	76	.026	.471
	假设方差不相等			6.767	69.000	.000	.471
幸存者类型	假设方差相等	.702	.405	-2.018	76	.047	-.511
	假设方差不相等			-1.857	8.355	.099	-.511

		Levene 检验		t 检验			
		F	Sig.	t	df	Sig.	均值差值
物的	假设方差相等	.164	.686	−1.150	76	.254	−.304
描述	假设方差不相等			−.845	7.752	.424	−.304
行为	假设方差相等	1.340	.251	−.685	76	.495	−.218
描述	假设方差不相等		.	−.562	8.004	.590	−.218
直接	假设方差相等	.567	.454	−1.274	76	.206	−.371
物因	假设方差不相等			−1.093	8.129	.306	−.371
直接	假设方差相等	1.253	.267	−.433	76	.666	−.175
人因	假设方差不相等			−.366	8.090	.723	−.175

由表 3-8 可知，"人均 GDP""物的描述""行为描述""直接物因""直接人因"在两组间不存在显著差异。而"调查组层次"的 Levene 检验 F 值为 50.711，显著性 0.000＜0.05，则拒绝虚无假设，即两组间方差不相等，此时"假设方差不相等"对应的 t 值为 6.767，显著性 0.000＜0.001，说明调查组层次在两组间存在很明显的差异。"幸存者类型"的 Levene 检验 F 值为 0.702，显著性 0.405＞0.05，说明两组间方差相等，此时的 t 值为−2.018，显著性 0.047＜0.05，达到 0.05 显著水平，表明幸存者类型在两组间存在显著差异。

综合上述分析得到物的数据影响汇总表 3-9。从表中可知，与不存在物的数据的事故相比，在存在物的数据的事故中，事故调查组层次较低，而幸存者类型等级较高。这可能是因为没有物的数据的事故多为现场破坏大、人员伤亡大的事故，因而相应的调查组层次就更高；同时因事故核心区域的伤亡人数多，导致幸存者类型等级偏低。

检验变量	物的数据	个数 N	平均数	标准差	t 值
人均 GDP	0-不存在	8	3.75	1.165	0.548 n. s.
	1-存在	70	3.49	1.305	
调查组层次	0-不存在	8	3.00	0.000	6.767***
	1-存在	70	2.53	0.583	
幸存者类型	0-不存在	8	1.38	0.744	−2.018*
	1-存在	70	1.89	0.671	
物的描述	0-不存在	8	2.13	0.991	−1.150n. s.
	1-存在	70	2.43	0.672	
行为描述	0-不存在	8	1.63	1.061	−0.685n. s.
	1-存在	70	1.84	0.828	
直接物因	0-不存在	8	2.00	0.926	−1.274n. s.
	1-存在	70	2.37	0.765	
直接人因	0-不存在	8	1.63	1.302	−0.433n. s.
	1-存在	70	1.80	1.058	

物的数据的影响汇总表 表 3-9

注：n. s. 表示 $p > 0.05$；

* 表示 $p < 0.05$；

*** 表示 $p < 0.001$。

3.5.6 行为数据的影响

与 3.4.2 中变量描述和赋值相同，将存在行为数据的样本赋值为 1，不存在行为数据的样本赋值为 0，运用独立样本 t 检验方法探索该变量的存在是否会对 7 个变量产生影响，得到检验摘要表 3-10。

独立样本 *t* 检验摘要表

表 3-10

		Levene 检验		*t* 检验			
		F	*Sig.*	*t*	*df*	*Sig.*	均值差值
人均 GDP	假设方差相等	.388	.535	−.666	76	.507	−.507
	假设方差不相等			−.501	2.088	.664	−.507
调查组层次	假设方差相等	17.114	.000	−1.317	76	.192	−.440
	假设方差不相等			−6.625	74.000	.000	−.440
幸存者类型	假设方差相等	.113	.738	−1.282	76	.204	−.520
	假设方差不相等			−1.517	2.236	.256	−.520
物的描述	假设方差相等	2.018	.160	.159	76	.874	.067
	假设方差不相等			.099	2.059	.930	.067
行为描述	假设方差相等	.874	.353	−1.068	76	.289	−.533
	假设方差不相等			−1.534	2.365	.246	−.533
直接物因	假设方差相等	.659	.419	−.749	76	.456	−.347
	假设方差不相等			−1.003	2.311	.409	−.347
直接人因	假设方差相等	.687	.410	−.355	76	.723	−.227
	假设方差不相等			−.384	2.193	.735	−.227

由表 3-10 可知，"人均 GDP""幸存者类型""物的描述""行为描述""直接物因""直接人因"在两组间不存在显著差异。而"调查组层次"的 Levene 检验 *F* 值为 17.114，显著性 0.000＜0.05，则拒绝虚无假设，即两组间方差不相等，此时"假设方差不相等"对应的 *t* 值为−6.625，显著性 0.000＜0.001，说明调查组层次在两组间存在很明显的差异。

综合上述分析得到行为数据影响汇总表 3-11。从表中可知，相比不存在行为数据的样本，在存在行为数据的样本中，调查组层次更高。原因可能是调查组层次越高，通过现场痕迹勘察得到的人行为数据越多。

行为数据的影响汇总表 表3-11

检验变量	行为数据	个数 N	平均数	标准差	t 值
人均 GDP	0-不存在	75	3.49	1.277	−0.666 n. s.
	1-存在	3	4.00	1.732	
调查组层次	0-不存在	75	2.56	0.575	−6.625***
	1-存在	3	3.00	0.000	
幸存者类型	0-不存在	75	1.81	0.692	−1.282n. s.
	1-存在	3	2.33	0.577	
物的描述	0-不存在	75	2.40	0.697	0.159n. s.
	1-存在	3	2.33	1.155	
行为描述	0-不存在	75	1.80	0.854	−1.068n. s.
	1-存在	3	2.33	0.577	
直接物因	0-不存在	75	2.32	0.791	−0.749n. s.
	1-存在	3	2.67	0.577	
直接人因	0-不存在	75	1.77	1.085	−0.355n. s.
	1-存在	3	2.00	1.000	

注：n. s. 表示 $p > 0.05$；

　　*** 表示 $p < 0.001$。

3.5.7　留存线索的影响

　　了解事故过程、勘察事故现场是事故调查的重要环节，事故中留存线索越清晰，越有利于事故调查。因此，将样本按事故留存线索是否清晰进行分类并赋值。赋值为 0 表示事故线索不清晰，包括坍塌、中毒/窒息、火灾、爆炸；赋值为 1 表示事故线索清晰，包括高处坠落、物体打击、触电。利用独立样本 t 检验分析 7 个变量在两组数据之间是否存在差异，得到检验摘要表 3-12。

独立样本 t 检验摘要表　　　　　　　　　表 3-12

		Levene 检验		t 检验			
		F	$Sig.$	t	df	$Sig.$	均值差值
人均 GDP	假设方差相等	.116	.734	−1.386	76	.170	−.413
	假设方差不相等			−1.334	54.213	.188	−.413
调查组层次	假设方差相等	.282	.597	−1.100	76	.275	−.146
	假设方差不相等			−1.073	56.773	.288	−.146
幸存者类型	假设方差相等	13.256	.000	1.121	76	.266	.183
	假设方差不相等			1.047	48.762	.300	.183
物的描述	假设方差相等	2.694	.105	−2.764	76	.007	−.438
	假设方差不相等			−2.970	74.113	.004	−.438
行为描述	假设方差相等	.421	.518	−3.318	76	.001	−.617
	假设方差不相等			−3.377	65.220	.001	−.617
直接物因	假设方差相等	1.961	.166	−1.496	76	.139	−.271
	假设方差不相等			−1.408	50.132	.165	−.271
直接人因	假设方差相等	2.158	.146	−4.786	76	.000	−1.058
	假设方差不相等			−5.040	71.400	.000	−1.058

由表 3-12 可知，"人均 GDP""调查组层次""幸存者类型""直接物因" 4 个变量在两组间不存在显著差异，而"物的描述""行为描述""直接人因" 3 个变量则在两组间存在显著差异。综合上述分析得到留存线索影响汇总表 3-13。从表中可知，

留存线索清晰的样本中,事故关于物或人的行为的描述以及直接人因的确定均更为详细、准确。

留存线索影响的汇总表   表 3-13

检验变量	留存线索	个数 N	平均数	标准差	t 值
人均 GDP	0-不清晰	48	3.35	1.194	−1.386 n. s.
	1-清晰	30	3.77	1.406	
调查组 层次	0-不清晰	48	2.52	0.545	−1.10n. s.
	1-清晰	30	2.67	0.606	
幸存者 类型	0-不清晰	48	1.92	0.613	1.047n. s.
	1-清晰	30	1.73	0.828	
物的 描述	0-不清晰	48	2.23	0.751	−2.764**
	1-清晰	30	2.67	0.547	
行为 描述	0-不清晰	48	1.58	0.821	−3.318***
	1-清晰	30	2.20	0.761	
直接 物因	0-不清晰	48	2.23	0.692	−1.496n. s.
	1-清晰	30	2.50	0.900	
直接 人因	0-不清晰	48	1.38	1.024	−4.786***
	1-清晰	30	2.43	0.817	

注:n. s. 表示 $p > 0.05$;

    **   表示 $p < 0.01$;

    ***   表示 $p < 0.001$。

3.5.8 作业空间的影响

考虑到作业空间(开阔或隐蔽)会影响到见证者的数量,将样本按作业空间是否隐蔽进行分类并赋值。赋值为 0 表示作业空间隐蔽,包括隧道及地下工程、管道工程;赋值为 1 表示作业空间不隐蔽，包括房屋建筑工程、地面交通工程（公路、铁路、桥梁等）。利用独立样本 t 检验分析 7 个变量在两组数据之间是否存在差异，得到检验摘要表 3-14。

独立样本 t 检验摘要表　　　　　　表 3-14

		Levene 检验		t 检验			
		F	$Sig.$	t	df	$Sig.$	均值差值
人均 GDP	假设方差相等	6.605	.012	.576	76	.566	.200
	假设方差不相等			.692	39.405	.493	.200
调查组层次	假设方差相等	.309	.580	−.180	76	.858	−.028
	假设方差不相等			−.195	31.864	.847	−.028
幸存者类型	假设方差相等	.582	.448	.000	76	1.000	.000
	假设方差不相等			.000	23.015	1.000	.000
物的描述	假设方差相等	4.436	.039	−2.405	76	.019	−.444
	假设方差不相等			−1.899	21.290	.071	−.444
行为描述	假设方差相等	1.355	.248	−2.907	76	.005	−.633
	假设方差不相等			−2.679	25.025	.013	−.633
直接物因	假设方差相等	.009	.927	−1.029	76	.307	−.217
	假设方差不相等			−.964	25.575	.344	−.217
直接人因	假设方差相等	.100	.753	−1.272	76	.207	−.367
	假设方差不相等			−1.251	27.323	.222	−.367

由表 3-14 可知，"人均 GDP""调查组层次""幸存者类型""物的描述""直接物因""直接人因"6 个变量在两组间不存在显著差异。而"行为描述"的 Levene 检验 F 值为 1.355，显著性 0.248＞0.05，说明两组间方差相等，此时 t 值为 −2.907，显著性 0.005＜0.01，表明行为描述在两组间存在显著差异。综

合上述分析得到作业空间影响汇总表 3-15。从表中可知，作业空间不隐蔽的样本中的行为描述要比在空间隐蔽样本中要更为详细。

作业空间的影响的汇总表 表 3-15

检验变量	作业空间	个数 N	平均数	标准差	t 值
人均 GDP	0-隐蔽	18	3.67	0.970	0.692n. s.
	1-不隐蔽	60	3.47	1.371	
调查组层次	0-隐蔽	18	2.56	0.511	−0.180n. s.
	1-不隐蔽	60	2.58	0.591	
幸存者类型	0-隐蔽	18	1.83	0.857	0.000n. s.
	1-不隐蔽	60	1.83	0.642	
物的描述	0-隐蔽	18	2.06	0.938	−1.899n. s.
	1-不隐蔽	60	2.50	0.597	
行为描述	0-隐蔽	18	1.33	0.907	−2.907**
	1-不隐蔽	60	1.97	0.780	
直接物因	0-隐蔽	18	2.17	0.857	−1.029n. s.
	1-不隐蔽	60	2.38	0.761	
直接人因	0-隐蔽	18	1.50	1.098	−1.272n. s.
	1-不隐蔽	60	1.87	1.065	

注：n. s. 表示 $p > 0.05$；
        ** 表示 $p < 0.01$。

3.5.9 经济水平的影响

考虑到一个地区经济水平可能影响政府的财政、人才储备等，利用事故发生年、调查组所在地的人均 GDP 水平反映地区经济水平，采用方差分析法对"调查组层次""幸存者类型""物的描述""行为描述""直接物因""直接人因"6 个变量在 5 类经济水平间的均值差异进行分析，得到方差同质性检验表 3-16。

方差同质性检验表　　　　表 3-16

变量	Levene 统计量	自由度 $df1$	自由度 $df2$	显著性
调查组层次	1.728	4	73	0.153
幸存者类型	9.482	4	73	0.000
物的描述	4.393	4	73	0.003
行为描述	2.267	4	73	0.070
直接物因	3.942	4	73	0.006
直接人因	1.043	4	73	0.391

如表 3-16 所示，"调查组层次""行为描述""直接人因"3 个变量的显著性均未达到 0.05 的显著水平，表示三组数据的方差差异均不显著，即未违反方差齐性的假定，可利用 Tukey 法进行事后比较。同时，表中"幸存者类型""物的描述""直接物因"3 个检验变量的显著性均达到 0.05 的显著水平，表示 3 组数据的方差不同质，违反了方差齐性的假定，所以在事后比较时采用了 SPSS 提供的 Tamhane 和 Games-Howell 两种适合方差异质的分析方法。最终，得到方差分析摘要如表 3-17 所示。

由表 3-17 可知，"直接人因"在第 4 类、第 5 类经济水平与第 2 类、第 3 类经济水平的均值差分别为 0.973、1.040、1.267、1.333，且差异均达到 0.05 显著水平，说明经济水平较高地区事故的直接人因确定更加准确。

		平方和	平均平方和	F 检验	Tukey HSD	Tamhane	Games-Howell
调查组层次	组间	2.665	0.666				
	组内	22.373	0.306	2.174	n. s.	—	—
	总和	25.038	—				
幸存者类型	组间	1.171	0.293				
	组内	36.983	0.507	0.578	—	n. s	n. s.
	总和	38.154	—				
物的描述	组间	2.408	0.602				
	组内	36.271	0.497	1.212	—	n. s.	n. s.
	总和	38.679	—				
行为描述	组间	5.715	1.429				
	组内	49.773	0.682	2.095	n. s.	—	—
	总和	55.487	—				
直接物因	组间	0.716	0.179				
	组内	46.617	0.639	0.280	—	n. s.	n. s.
	总和	47.333	—				
直接人因	组间	22.735	5.684		4-3(1.040)		
	组内	66.560	0.912	6.234***	4-2(0.973)	—	—
	总和	89.295	—		5-2(1.267)		
					5-3(1.333)		

经济水平差异比较的方差分析摘要表　表 3-17

注：n. s. 表示 $p > 0.05$；

*** 表示 $p < 0.001$。

3.6 路径分析

3.6.1 方法介绍

路径分析是探讨多重变量之间因果结构模式的统计技术。

本章所涉及的路径分析模型中所有的变量均为观察变量，即观察变量路径分析（path analysis with observed variables），简称为 PA-OV 模型。

　　一般而言，样本量大于 200 才可以称得上是一个中型的样本，但较新的统计检验方法允许模型的估计可少于 60 个观察值（吴明隆，2009）。同时，相关统计的经验法则也指出，每一个观察变量至少要十个样本（Tabachnick & Fidell，2007）。根据上述研究，判断所选样本总量符合要求。

3.6.2　研究思路

　　在 3.5 节组间分析中探讨了 7 个变量在按照工程类型、事故类型、物的数据、行为数据、留存线索、作业空间、事故过程、经济水平 8 个影响因素分组的样本之间是否存在差异的问题。其中，"人均 GDP"变量既作为因变量分析其在除经济水平因素外的组间是否存在差异，也作为影响因素分析其对除自身外的 6 个因变量是否存在显著影响。结果表明"人均 GDP"变量在影响因素组间不存在显著差异，其对其他变量的影响作用可能受到工程类型和事故类型的影响，由此在路径分析图中不包含该变量。"物的数据""行为数据"变量样本取值分布过于极端，不存在物的数据的样本仅有 8 个，而存在行为数据的样本仅为 3 个，所以这两个变量也不包含在路径分析图中。综上所述，之后的路径分析图中将只包含"调查组层次""幸存者类型""物的描述""行为描述""直接物因""直接人因"6 个变量。

　　除了运用 78 个样本对确定的 6 个变量进行路径分析之外，还需要考察作业空间、事故过程等众多因素对路径的影响。根据每个观察变量至少要 10 个样本的要求，6 个变量需要样本数至少为 60。据此，选定了物的数据、行为数据、作业空间、事故过程 4 个因素，样本量分别为有物的数据的样本数为 70，无行为数据的样本数为 75，作业空间开阔的样本数为 60，事故过程短的样本数为 67。其他影响因素，如留存线索、事故类型、工程类型、经济水平，均因未达到路径分析的样本量要求而不予考虑。

3.6.3 基本模型

依照假设运用 Amos Graphics 软件绘制基本模型路径图，而后将 78 个样本数据导入其中，采用最大似然法，经过计算估计（Calculate estimate）和模型调整后得到显示标准化系数的 PA-OV 模型估计图（图 3-4）以及显示非标准化回归系数的表（表 3-18）。

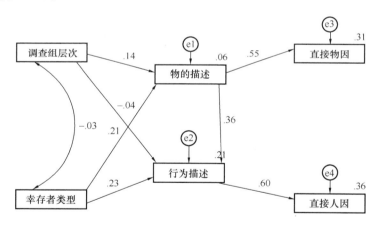

图 3-4　基本模型的标准化估计图

结合图 3-4 和表 3-18 可知，"幸存者类型"到"物的描述"路径的标准化系数为 0.21，非标准化系数为 0.209，显著性 p 值为 0.061 接近 0.05，表明"幸存者类型"对"物的描述"存在直接正向作用，但显著性水平稍低。同理可知，"幸存者类型-行为描述"路径的标准化系数为 0.23，非标准化系数为 0.274，显著性达到 0.05 显著水平，即"幸存者类型"对"行为描述"存在显著的直接正向作用；"物的描述-行为描述"的标准化系数为 0.36，非标准化系数为 0.431，显著性 p 值小于 0.001，表明"物的描述"对"行为描述"存在显著的直接正向作用；"物的描述－直接物因"的标准化系数为 0.55，非标准化系数为 0.612，显著性 p 值小于 0.001，表明"物的描述"对"直接物因"存在显著的直接正向作用；"行为描述-直接人因"的标准化系数为 0.6，非标准化系数为 0.756，显著性 p 值小于 0.001，表明"行为描述"对"直接人因"存在显著的直接正向作用。此外，"调查组层次"到"物的描述""行为描述"的路径系数显著性 p 值均大于 0.05，表明调查组层次对事故描述准确性的影响不显著。

基本模型的非标准化回归系数表　　　　　表 3-18

变量关系	Estimate	S. E.	C. R.	p	Label
物的描述←幸存者类型	.209	.111	1.874	.061	Par 5
物的描述←调查组层次	.173	.137	1.262	.207	Par 7
行为描述←幸存者类型	.274	.125	2.192	.028	Par 1
行为描述←物的描述	.431	.125	3.449	***	Par 4
行为描述←调查组层次	−.056	.152	−.368	.713	Par 8
直接物因←物的描述	.612	.105	5.826	***	Par 2
直接人因←行为描述	.756	.116	6.512	***	Par 3

注：*** 表示 $p \leqslant 0.001$

将 Amos Output 中"Model Fit"指标进行摘要汇总，得到表 3-19 全样本的 PA-OV 模型整体适配度检验表。在该检验表中，6 个检验指标均达到标准值，说明该模型整体适配情形良好。

基本模型的整体适配度检验摘录表　　　　　　　表 3-19

适配度指标	适配的标准	检验数据	模型适配判断
χ^2（卡方）	$p>0.05$	$2.305(p=0.941>0.05)$	是
CMIN/DF（相对卡方）	<2	0.329	是
GFI（拟合优度指数）	>0.9	0.990	是
RMSEA（近似均方根误差）	<0.05	0.000	是
NFI（规范拟合指数）	>0.9	0.974	是
CFI（比较拟合指数）	>0.9	1.000	是

3.6.4　事故过程影响

依照假设运用 Amos Graphics 软件绘制基本模型路径图，而后将事故过程短的 67 个样本数据导入其中，采用最大似然法，经过计算估计（Calculate estimate）和模型调整后得到显示标准化系数的 PA-OV 模型估计图 3-5 以及显示非标准化回归系数的表 3-20。

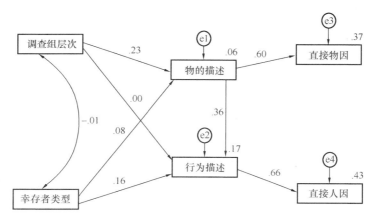

图 3-5　事故过程影响的标准化 PA-OV 模型估计图

结合图 3-5 和表 3-20 可知，在事故过程较短样本中，"调查组层次"到"物的描述"路径的标准化系数为 0.23，非标准化

系数为 0.247，显著性 p 为 0.056，接近 0.05，说明调查组层次
对物的描述存在近似显著的直接正向作用；"物的描述—行为描
述"的路径的标准化系数为 0.36，非标准化系数为 0.478，显
著性 p 为 0.002，说明物的描述对行为描述存在显著的直接正
向作用；"物的描述—直接物因"的标准化系数为 0.6，非标准
化系数为 0.721，显著性 p 值小于 0.001，表明"物的描述"对
"直接物因"存在显著的直接正向作用；"行为描述—直接人因"
的标准化系数为 0.66，非标准化系数为 0.864，显著性 p 值小
于 0.001，表明"行为描述"对"直接人因"存在显著的直接正
向作用。此外，"幸存者类型"到"物的描述""行为描述"的
路径系数显著性 p 值均大于 0.05，表明调查组层次对事故描述
准确性的影响不显著；"调查组层次"到"行为描述"的路径系
数显著性 p 值也大于 0.05，表明调查组层次对行为描述准确性
的影响也不显著。将上述结果与全样本基本模型估计结果对比
可知，当事故过程较短时，幸存者的作用被大幅削弱，而调查
组层次对物的描述的作用却凸显出来。

事故过程影响的非标准化回归系数表 **表 3-20**

变量关系	Estimate	S. E.	C. R.	p	Label
物的描述←幸存者类型	.076	.116	.651	.515	Par 7
物的描述←调查组层次	.247	.129	1.912	.056	Par 5
行为描述←幸存者类型	.211	.145	1.462	.144	Par 1
行为描述←物的描述	.478	.153	3.130	.002	Par 4
行为描述←调查组层次	.003	.164	.016	.988	Par 6
直接物因←物的描述	.721	.117	6.171	* * *	Par 2
直接人因←行为描述	.864	.123	7.050	* * *	Par 3

注：* * * 表示 $p \leqslant 0.001$。

将 Amos Output 中"Model Fit"指标进行摘要汇总，得到
表 3-21 事故过程较短样本的 PA-OV 模型整体适配度检验表。

在该检验表中，6 个检验指标均达到标准值，说明该模型整体适配情形良好。

事故过程影响的 PA-OV 模型整体适配度检验表   表 3-21

适配度指标	适配的标准	检验数据	模型适配判断
χ^2	$p>0.05$	4.636（$p=0.704>0.05$）	是
CMIN/DF	<2	0.662	是
GFI	>0.9	0.978	是
RMSEA	<0.05	0.000	是
NFI	>0.9	0.947	是
CFI	>0.9	1.000	是

3.6.5 物的数据影响

依照假设运用 Amos Graphics 软件绘制基本模型路径图，而后将存在物的数据的 70 个样本数据导入其中，采用最大似然法，经过计算估计（Calculate estimate）和模型调整后得到显示标准化系数的 PA-OV 模型估计图 3-6 以及显示非标准化回归系数的表 3-22。

物的数据影响的非标准化回归系数表   表 3-22

变量关系	Estimate	S. E.	C. R.	p	Label
物的描述←幸存者类型	.088	.116	.763	.446	Par 3
物的描述←调查组层次	.217	.136	1.597	.110	Par 1
行为描述←幸存者类型	.274	.135	2.028	.043	Par 4
行为描述←物的描述	.358	.140	2.555	.011	Par 7
行为描述←调查组层次	−.052	.161	−.323	.746	Par 2
直接物因←物的描述	.573	.118	4.844	＊＊＊	Par 5
直接人因←行为描述	.757	.124	6.111	＊＊＊	Par 6

注：＊＊＊表示 $p \leqslant 0.001$。

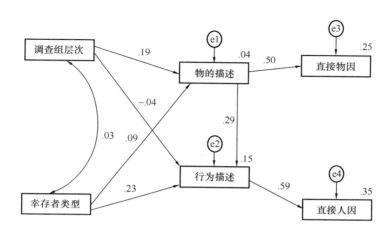

图 3-6　物的数据影响的标准化 PA-OV 模型估计图

结合图 3-6 和表 3-22 可知，在存在物的数据的样本中，"幸存者类型"到"行为描述"的路径的标准化系数为 0.23，非标准化系数为 0.274，显著性 p 为 0.043，小于 0.05，说明幸存者类型对行为描述的存在显著的直接正向作用；"物的描述－行为描述"的路径的标准化系数为 0.29，非标准化系数为 0.358，显著性 p 为 0.011，说明物的描述对行为描述存在显著的直接正向作用；"物的描述－直接物因"的标准化系数为 0.5，非标准化系数为 0.573，显著性 p 值小于 0.001，表明"物的描述"对"直接物因"存在显著的直接正向作用；"行为描述－直接人因"的标准化系数为 0.59，非标准化系数为 0.757，显著性 p 值小于 0.001，表明"行为描述"对"直接人因"存在显著的直接正向作用。此外，"幸存者类型"到"物的描述"的路径系数显著性 p 值大于 0.05，表明幸存者类型对物的描述准确性的影响不显著；"调查组层次"到"物的描述""行为描述"的路径系数显著性 p 值均大于 0.05，表明调查组层次对事故描述准确性的影响也不显著。将上述结果与全样本基本模型估计结果对

73

比可知，当事故存在物的数据时，幸存者对物的描述的作用被大幅削弱。

将 Amos Output 中"Model Fit"指标进行摘要汇总，得到表 3-23 存在物的数据样本的 PA-OV 模型整体适配度检验表。在该检验表中，6 个检验指标均达到标准值，说明该模型与实际数据契合较好。

物的数据影响的 PA-OV 模型整体适配度检验表　　　表 3-23

适配度指标	适配的标准	检验数据	模型适配判断
χ^2	$p>0.05$	3.893（$p=0.792>0.05$）	是
CMIN/DF	<2	0.556	是
GFI	>0.9	0.982	是
RMSEA	<0.05	0.000	是
NFI	>0.9	0.943	是
CFI	>0.9	1.000	是

3.6.6　行为数据影响

依照假设运用 Amos Graphics 软件绘制基本模型路径图，而后将不存在行为数据的 75 个样本数据导入其中，采用最大似然法，经过计算估计（Calculate estimate）和模型调整后得到显示标准化系数的 PA-OV 模型估计图 3-7 以及显示非标准化回归系数的表 3-24。

结合图 3-7 和表 3-24 可知，在不存在行为数据的样本中，"幸存者类型"到"物的描述"的路径的标准化系数为 0.2，非标准化系数为 0.198，显著性 p 为 0.083，大于 0.05，说明幸存者类型对物的描述存在直接正向作用，但显著性水平不高；"幸存者类型"到"行为描述"的路径的标准

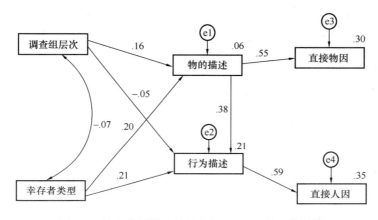

图 3-7 行为数据影响的标准化 PA-OV 模型估计图

化系数为 0.21，非标准化系数为 0.253，显著性 p 为 0.052，接近 0.05，说明幸存者类型对行为描述的存在近似显著的直接正向作用；"物的描述－行为描述"的路径的标准化系数为 0.38，非标准化系数为 0.463，显著性 p 小于 0.001，说明物的描述对行为描述存在显著的直接正向作用；"物的描述－直接物因"的标准化系数为 0.55，非标准化系数为 0.622，显著性 p 值小于 0.001，表明"物的描述"对"直接物因"存在显著的直接正向作用；"行为描述－直接人因"的标准化系数为 0.59，非标准化系数为 0.752，显著性 p 值小于 0.001，表明"行为描述"对"直接人因"存在显著的直接正向作用。此外，"调查组层次"到"物的描述""行为描述"的路径系数显著性 p 值均大于 0.05，表明调查组层次对事故描述准确性的影响也不显著。将上述结果与全样本基本模型估计结果对比可知，当事故不存在行为数据时，幸存者对事故描述的作用减小了。可能原因是行为数据与幸存者提供的信息之间存在的互补关系大于替代关系。

行为数据的影响非标准化回归系数表   表 3-24

变量关系	Estimate	S. E.	C. R.	p	Label
物的描述←幸存者类型	.198	.114	1.736	.083	Par 2
物的描述←调查组层次	.189	.137	1.378	.168	Par 8
行为描述←幸存者类型	.253	.130	1.944	.052	Par 3
行为描述←物的描述	.463	.130	3.557	***	Par 6
行为描述←调查组层次	−.082	.156	−.524	.600	Par 1
直接物因←物的描述	.622	.110	5.644	***	Par 4
直接人因←行为描述	.752	.119	6.316	***	Par 5

注：*** 表示 $p \leqslant 0.001$。

将 Amos Output 中"Model Fit"指标进行摘要汇总，得到表 3-25 不存在行为数据样本的 PA-OV 模型整体适配度检验表。在该检验表中，6 个检验指标均达到标准值，说明该模型与实际数据契合较好。

行为数据影响的 PA-OV 模型整体适配度检验表   表 3-25

适配度指标	适配的标准	检验数据	模型适配判断
χ^2	$p > 0.05$	2.831（$p = 0.900 > 0.05$）	是
CMIN/DF	< 2	0.404	是
GFI	> 0.9	0.988	是
RMSEA	< 0.05	0.000	是
NFI	> 0.9	0.966	是
CFI	> 0.9	1.000	是

3.6.7 作业空间影响

依照假设运用 Amos Graphics 软件绘制基本模型路径图，而后将作业空间开阔的 60 个样本数据导入其中，采用最大似然法，经过计算估计（Calculate estimate）和模型调整后得到显示标准化系数的 PA-OV 模型估计图 3-8 以及显示非标准化回归系数的表 3-26。

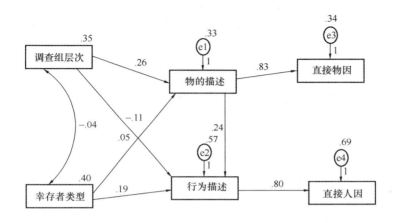

图 3-8　作业空间影响的标准化 PA-OV 模型估计图

结合图 3-8 和表 3-26 可知，在作业空间开阔样本中，"调查组层次－物的描述"的路径的标准化系数为 0.26，非标准化系数为 0.274，显著性 p 小于 0.05，说明调查组层次对物的描述存在显著的直接正向作用；"物的描述－直接物因"的标准化系数为 0.83，非标准化系数为 0.833，显著性 p 值小于 0.001，表明"物的描述"对"直接物因"存在显著的直接正向作用；"行为描述－直接人因"的标准化系数为 0.8，非标准化系数为 0.827，显著性 p 值小于 0.001，表明"行为描述"对"直接人因"存在显著的直接正向作用。此外，"调查组层次－行为描述""幸存者类型－物的描述""幸存者类型－行为描述"以及"物的描述－行为描述"路径系数的显著性 p 值均大于 0.05，表明调查组层次对行为描述、幸存者类型对事故描述以及物的描述对行为描述的影响均不显著。将上述结果与全样本基本模型估计结果对比可知，当作业空间开阔时，除了调查组层次对物的描述的作用变大之外，幸存者的作用、调查组层次对行为描述的作用甚至物的描述对行为描述的作用均减小了。可能原因是作业空间开阔事故现场多能够留下痕迹，因此多依赖现场勘查搜集信息，幸存者的作用变得不明显。

作业空间影响的非标准化回归系数表　　　　　　　表 3-26

变量关系	Estimate	S. E.	C. R.	p	Label
物的描述←幸存者类型	.066	.117	.560	.575	Par 4
物的描述←调查组层次	.274	.127	2.157	.031	Par 3
行为描述←幸存者类型	.173	.155	1.122	.262	Par 5
行为描述←物的描述	.253	.172	1.476	.140	Par 8
行为描述←调查组层次	−.090	.174	−.517	.605	Par 6
直接物因←物的描述	.833	.126	6.626	***	Par 1
直接人因←行为描述	.827	.141	5.856	***	Par 2

注：*** 表示 $p \leqslant 0.001$。

将 Amos Output 中"Model Fit"指标进行摘要汇总，得到表 3-27 作业空间开阔样本的 PA-OV 模型整体适配度检验表。在该检验表中，6 个检验指标均达到标准值，说明该模型与实际数据契合较好。

作业空间影响的 PA-OV 模型整体适配度检验表　　　　表 3-27

适配度指标	适配的标准	检验数据	模型适配判断
χ^2	$p > 0.05$	3.224（$p = 0.864 > 0.05$）	是
CMIN/DF	< 2	0.461	是
GFI	> 0.9	0.982	是
RMSEA	< 0.05	0.000	是
NFI	> 0.9	0.955	是
CFI	> 0.9	1.000	是

3.7　研究结果分析与结论

将 3.5 节组间分析与 3.6 节路径分析结果进行对比、综合后，按照研究假设和变量分类讨论如下。

3.7.1　个体死亡与事故学习

由全样本路径分析所得基本模型可知，幸存者所拥有的信息对还原现场物的状态和人的行为均产生正向作用，假设 H1a 和 H1b 均得到证实，这再次验证了"死亡悖论"的存在。但根据其他路径分析模型，可以得出幸存者对事故学习的作用受到物的数据、行为数据、作业空间、事故过程等众多因素的调节。同时，事故过程中物的状态或人的行为描述对事故归因也会产生显著正向作用，假设 H8 得到证实。此外，物的描述对行为描述也存在显著的正向作用，表明从现场物或环境的状况信息中能够得到部分事故行为状况的信息。

3.7.2　物的数据与行为数据

物的数据的组间分析表明，存在物的数据的样本中物的描述和直接物因准确性较高，但差异不显著，假设 H2a 未得到证实。同理，行为数据的组间分析表明，存在行为数据的样本中行为描述和直接人因准确性较高，但差异不显著，假设 H2b 也未得到证实。可见，物的数据和行为数据对事故学习的直接影响并不明显。

然而，对应的路径分析证实幸存者对事故学习的影响受到物的数据和行为数据的调节作用，前者主要为替代效应，即物的数据存在会削弱幸存者的作用；后者主要为互补效应，即行为数据不存在会削弱幸存者作用。原因可能是，确定事故现场物的状况和原因相对容易，通过物的数据即可获取所需的大部分事故信息，因而不需要幸存者发挥作用；相对而言，确定与行为有关的状况和原因更加困难，通过行为数据能获取的事故信息也非常有限，因而必须依赖幸存者的描述。

3.7.3　调查组层级与经济水平

由路径分析可知，事故调查组层级对事故学习的影响在多数情况下并不显著，仅在作业空间开阔、事故过程短等少数情况下调查组层级会对物的描述产生显著正向影响，假设 H3a 得到部分证实，假设 H3b 未被证实。值得注意的是，相应的组间分析表明，桥梁工程事故的调查组层次比房屋建筑工程与管道工程事故调查组层次更高，不存在物的数据的事故调查组层次也更高。原因可能是事故调查组层次同时受到事故严重程度的影响，桥梁事故多数较为严重，不存在物的数据的事故也多为破坏较大的事故，因而这两类事故的调查组层次更高。

综合上述分析，事故调查组层级可能产生正反两方面影响，前者是由于调查组层次越高，能调动的行政权力以及专业人员、设备、资金等资源就越多，越有利于事故信息获取；而后者因为事故调查组层次越高，相应事故等级可能也越高，事故破坏更大、死亡人数也多，从而不利于事故信息获取。以上正反两方面共同作用，导致调查组层级影响机制的复杂性增加，相应的研究较为困难，多数结果也不太显著。

此外，代表事故调查组所在地经济水平的人均 GDP 变量的组间分析结果表明，经济水平高低组间除了直接人因变量差异显著外，其他变量的差异均不显著，假设 H4 未得到证实。

3.7.4　工程类型与事故特征

工程类型方面，管道工程事故的行为描述准确程度更低，原因可能是管道工程事故多为中毒窒息事故，见证者少且不易存活，同时见证者行为时间也较短。隧道及地下工程中直接人因的准确程度更低，原因可能是隧道及地下工程中多为坍塌事故，现场破坏大导致勘察不易，死亡人数多导致幸存者调查困难，阻碍了直接人因的确定。

事故类型方面，坍塌类事故描述和归因的准确程度均较低，可能原因为坍塌事故现场破坏严重、死亡人员多，导致现场勘查和见证者访谈等手段均难以发挥作用，核心区域内的事故信息也因此难以获取。相比而言，物体打击事故中物的描述更详细，而高处坠落事故中行为描述更详细，两类事故描述都容易通过现场勘查推断出来。触电事故中直接物因的描述更加详细，这可能也与触电事故现场痕迹明显、事故过程较简单有关。

事故过程影响的组间分析表明，过程长短组间差异均不显著，假设 H5 未得到证实。然而，进一步的路径分析结果则表明，事故过程会正向调节幸存者与事故学习的关系，过程短的事故中幸存者对事故学习的影响更小更不显著。这可能是因为事故发展太快，幸存者未注意到物的变化，所掌握的物的信息也比较少。同时，在过程短的事故中，调查组层次对物的描述的作用变得更大更显著。

作业空间影响的组间分析表明，作业空间开阔的样本中的行为描述更为详细，但其他变量均无显著差异，假设 H6 得到部分证实。路径分析则表明，当作业空间开阔时，调查组层次对物的描述的作用变大，幸存者的作用反而减小了。可能原因是作业空间开阔的现场多能够留下痕迹，因此多依赖现场勘查搜集信息，幸存者的作用变得不明显。

留存线索影响的组间分析表明，留存线索清晰有助于确定事故过程以及事故原因，假设 H7 得到证实。

3.7.5 研究结论

本章运用组间分析和路径分析方法，对 78 份建设工程事故调查报告数据进行实证研究，所得结论小结如下。

（1）幸存者所拥有的信息对事故过程中物的状态或人行为的描述具有正向作用。该作用的强度和显著性受到物的数据的反向调节与行为数据的正向调节。同时，事故过程中物的状态或人行为的描述对事故归因具有显著的正向作用。

（2）工程类型方面，管道工程事故中行为信息较难获取，而隧道及地下工程中直接人因较难确定。坍塌类事故描述和归因的准确程度均较低，成为事故调查的难点。物体打击、高处坠落和触电事故信息获取则相对容易。

（3）幸存者的作用可能在两种情况下受到削弱。第一种情况是事故的大部分信息能够通过现场勘查等其他方式获取，因此不需依赖见证者描述，如空间开阔处发生的事故。第二种情况是事故幸存者少或幸存者掌握信息有限，前者如坍塌、爆炸等事故，后者则涵盖所有持续时间短的事故。此种情况下，调查组无法从幸存者处获得足够信息，因而不得不投入更多资源、使用其他方式，甚至通过大量推断来获取信息。

（4）事故调查组层次和所在地经济水平的作用不显著，且前者更多受到事故严重程度的影响。

第4章 计算实验研究

4.1 研究背景

前两章分别运用全行业和特定行业的事故调查报告证实了"死亡悖论"的存在，也在一定程度上研究了个体死亡与安全知识积累之间的关系。然而，由于事故调查报告样本数量有限，安全知识积累的特征和规律并不能完全体现出来。另一方面，积累的安全知识也需要经过扩散和应用才能产生更广泛的影响、发挥更大的作用。安全知识的积累和扩散如何相互作用？二者之间关系受到何种因素的影响？其影响机制又如何？关于这些问题，前两章尚未深入研究。鉴于此，本章将对安全知识积累和扩散的交互影响机制进行深入研究。

计算实验是以综合集成方法论为指导，融合计算技术、复杂系统理论和演化理论等，通过计算机再现管理活动的基本情景、微观主体的行为特征及相互关联，并在此基础上分析揭示管理复杂性与演化规律的一种研究方法（盛昭瀚和张维，2011）。与传统建模仿真方法相比，计算实验方法采用情景建模方式，即通过构造问题中主体行为与关联情节以及问题所依托的环境背景，"自下而上"的推演现实问题，从而适于探索无法事先预期的复杂性问题。与实际实验相比，计算实验方法不易受到法律、伦理、环境、技术、成本、时间等因素的限制，具有较低的运行门槛和较好的复现性。综上所述，计算实验方法适于研究复杂的安全知识积累和扩散问题。

本章的主要内容安排如下：4.2节对现实中安全知识积累

和扩散过程进行了描述分析；4.3 节首先介绍了元胞自动机模型及 Netlogo 运行平台，而后基于 4.2 节的分析对本研究模型进行了设定；4.4 节在 4.3 节的基础上进行平台设计和程序设计，并详细阐释了模型变量；4.5 节基于 4.4 节平台程序进行数值仿真实验，得到 605 组实验数据和 8 幅图形结果以及相关的分析结论，并对本章的研究进行了小结。

4.2　现实描述

现实中安全知识积累和扩散过程如图 4-1 所示。其中，个体的安全知识会影响其安全行为。个体所具备的安全知识越丰富，其规避安全风险和应对安全事故的能力就会越强，也就越容易保障自身安全。相反，个体安全知识越匮乏，越可

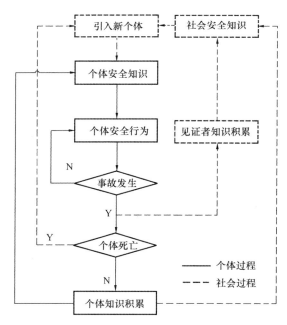

图 4-1　安全知识积累和扩散过程图

能做出不安全行为，从而可能引发事故。若事故未发生，个体会重复执行相关行为；若事故发生，则事故的见证者能够从事故中获取和积累知识，同时卷入事故的个体会面临死亡风险。若个体在事故中死亡，则无法积累事故知识，同时所在的企业或组织引入新员工替代死亡个体；若个体在事故中幸存，则能够积累事故知识并影响下一轮行为，同时其所积累知识中的显性部分也能够通过谈话、演讲、写作等方式传播给他人并最终转化为社会共有知识。最终，社会共有的安全知识又会通过安全宣传、教育、培训等方式作用于个体并最终转化为个体安全知识。

由图 4-1 可知，个体的安全知识积累过程是一条从安全知识经安全行为引发安全结果最终形成新知识的循环链，期间还涉及个人安全知识与社会安全知识的相互转化。整个循环链与一般知识积累和经验学习过程的最大区别在于个体死亡部分，即一般经验学习不存在个体死亡情况，出现事故后一般都会进入个体知识积累阶段，而事故学习则可能因个体死亡导致部分知识无法获取和积累。

由于安全知识积累和扩散过程不仅涉及个体自身、个体之间以及个体与群体间的多层次演化关系，还涉及事故发生、个体死亡、知识多寡等多种状态以及知识积累、知识扩散和个体补充等多种行为，属于复杂系统演化问题，因此选择计算实验方法群中的元胞自动机模型进行仿真研究。

4.3　实验模型

4.3.1　方法介绍

元胞自动机（Cellular Automaton）是一类时间和空间都

离散的动力系统。该系统由有限个元胞组成，某一时刻某一个元胞的状态只与自身的状态及其邻域元胞的状态有关，随着时间的推进，这种元胞间简单的局部规则可以演化出宏观系统的复杂整体行为（李璐等，2008）。

元胞自动机模型包含元胞（Cells）、元胞空间（Lattice）、邻居和转换规则四类基本元素。其中，元胞为排列在一个规则网格中的同质单元，具有多种状态变量，可以代表现实中的个人、组织或某种物体、某个区域等。元胞空间为元胞所在的整个空间，涉及空间大小、维度、边界划分等。元胞空间包含 $m \times m$ 个元胞，不同的 m 取值得到不同大小的元胞空间。元胞空间可以是一维、二维、三维，也可以是多维的；空间边界可以是有界也可以是有限无界。邻居是与指定元胞相邻的元胞，而由指定元胞及其所有邻居组成的区域称为该指定元胞的邻域。在二维空间中，元胞邻域形式有冯诺依曼型、摩尔型、扩展摩尔型等，如图 4-2 所示。转换规则是根据当前时刻下指定元胞及其邻居状态确定下一时刻指定元胞状态的规则，是元胞自动机能够动态演化的关键。

图 4-2　元胞邻域示意图（左：冯诺依曼型
中：摩尔型　右：扩展摩尔型）

元胞自动机具有离散性、同步性、同质性和局部性的特征。其中，元胞自动机的离散性包括时间离散、空间离散和元胞状态离散；同步性则表现为所有元胞状态的变化是同步进行的；同质性表现为所有元胞的状态空间相同、形状相同、转换规则相同；局部性包括空间局部性和时间局部性，前者指每个元胞状态只与其邻域内的邻居相关联，后者指元胞的当前状态只与前一时刻的状态相关联。

由于元胞自动机具有以上特征，与传统的数值计算和模拟方法相比，元胞自动机能够模拟难以解析表达的复杂现象，并能反映大量个体相互作用的细致结构模式，揭示其演化规律，因而被广泛应用于研究火灾蔓延、疾病传播等复杂传播和扩散问题。同样，属于复杂传播和扩散问题的安全知识的积累及传播问题，也适于用元胞自动机进行演示和研究。

4.3.2　实验平台

目前，元胞自动机仿真平台主要有 Swarm、Repast、NetLogo 等。考虑到 NetLogo 平台具有容易获取、编程要求较低、功能强大等特点，本文选用 NetLogo 平台对安全知识积累和扩散问题进行仿真研究，平台操作界面如图 4-3 所示。

如图 4-3 所示，NetLogo 操作界面大体可分为设置区、操作区、输出区三个区域。其中设置区指模型框外的控制栏，通过"添加"按钮可在模型框内增加滑块、开关等控制键以便执行命令和调节参数，速度条可以调节平台运行速度，还有视图更新方式等其他设置功能。操作区指模型框左上方包含紫色按钮、绿色滑块和开关的区域，主要功能为控制模型运行与停止、调整各参数值大小以及调整模型的运行模式等。输出区则包括米色的数值输出框和图形输出框以及右边底色为黑色的网格演化输出框，主要功能为数值、统计图形的输出以及元胞网格演化过程的直观显示。

Netlogo 平台操作界面仅能实现简单的数据输入输出和运行控制，而模型复杂的运行规则还需要依赖代码设定。Netlogo 平台语言属于 Java Logo 语言，其代码界面如图 4-4 所示。

安全知识积累和扩散机制研究

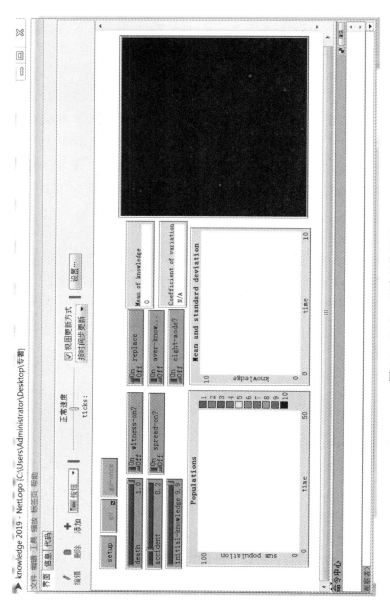

图 4-3　Netlogo 平台操作界面

88

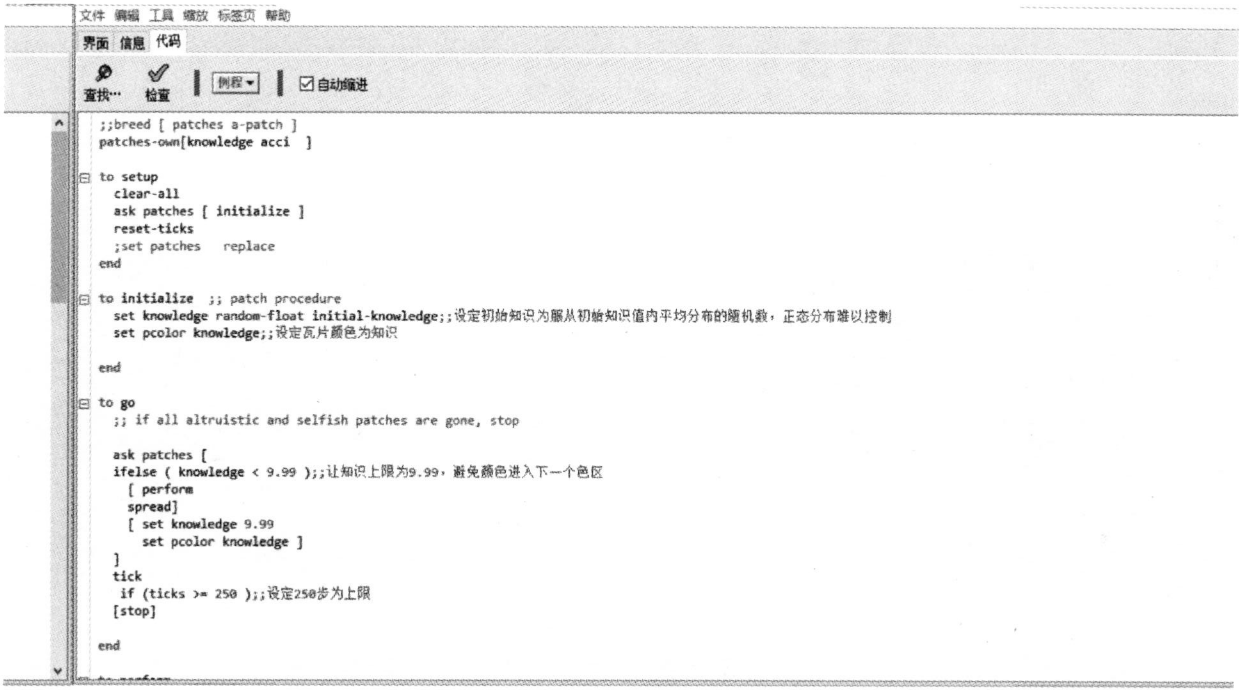

图 4-4　Netlogo 平台代码界面

其中，setup 命令为初始化模型命令，是单击操作界面中 setup 按钮后的执行程序。go 则为模型运行命令，是单击操作界面中 go 和 go-once 按钮后的执行程序。该命令通过让模型中所有主体按照设定规则完成一系列活动来实现模型的整体运行和参数的并行计算，区别仅在于是否重复运行。

4.3.3 模型设定

根据 4.2 对安全知识积累和扩散过程的现实描述分析，本研究将元胞自动机模型表示为 $CA = (L，Q，S，f)$。其中，CA 表示元胞自动机，L 表示元胞空间，Q 表示元胞状态集合，S 表示元胞邻域，f 则表示元胞状态转换规则。现对元胞自动机模型中各要素进行详细设定和描述：

1. 元胞及元胞空间

由于本文的研究对象为社会中的全体人员，同时考虑到现实中工作生活环境以二维平面为主，本研究使用 Netlogo 平台默认的二维元胞空间，即长宽均为 41 格、总计 1681 格的正方形栅格空间，如图 4-5 所示。其中，每个栅格代表一个作为独立个体的人，记为 $\{(i,j) \mid i,j \in [-20,20]\}$。

图 4-5　Netlogo 元胞空间图

同时，本研究假设社会的总规模保持不变，即其中的个体数量保持不变，个体死亡后能够在下一时刻及时补充新个体。此外，本研究还设定元胞空间不存在边界，即知识的传播可以通过上下左右边界，类似地球球面上有限无界的环境。

2. 元胞邻域

对模型中元胞交互作用的邻域，本文选取了两种典型的形式，即冯诺依曼型和摩尔型，运行时由开关调节。需要注意的是，邻域内的邻居并不仅指空间上的邻近，更多时候是表示社会关系上的亲近，如家人、亲戚、朋友等有助于知识传播和扩散的关系。

3. 元胞状态

本模型中的元胞状态反映了社会中个体所具备的安全知识水平。将代表元胞状态的安全知识量（*Knowledge*，用 *K* 表示）与元胞颜色相关联，从而通过元胞颜色深浅能够直观体现个体拥有安全知识量的大小。如图 4-6 所示，Netlogo 中不同数值对应不同颜色，为了简化颜色类型，将知识量设定为 0~9.9，从而使得元胞颜色在纯黑到纯白之间变化。其中，纯黑代表元胞知识量为 0，纯白则代表元胞知识量达到上限 9.9，灰度越深则知识量越小，灰度越浅则知识量越大。

图 4-6　Netlogo 颜色编号对应卡

值得注意的是，为了简化模型、突出研究主题，本研究假设模型中的安全知识具有同质性、传播性和永久性。同质性指知识之间仅存在数量的差异，而不存在质的差异，即知识不具有异质性。传播性指所有知识均能够传播，未对显隐性知识加以区分。永久性指知识不会随着时间推移而逐渐遗忘。

4. 转换规则

根据 4.2 可知，安全知识积累和扩散规则涉及个体安全知识积累规则、见证者安全知识积累规则和安全知识扩散规则。

（1）个体安全知识积累规则指不考虑知识传播时，个体从事故中获取安全知识并积累的过程，其表达式为

$$K_{i,j}^{t+1} = \begin{cases} K_{i,j}^t + \Delta K, if\, resaccid\; and\; not\; death\,; \\ R, if\; resaccid\; and\; death\,; \\ K_{i,j}^t, others \end{cases}$$

式中，$K_{i,j}^t$ 为元胞 (i,j) 在 t 时刻具有的安全知识量，ΔK 表示从单次事故中获取的安全知识增量，R 表示元胞 (i,j) 死亡后其替代者的安全知识量，有 0 和社会平均知识量两种情况，运行时由开关调控。而 $resaccid$ 表示由于元胞 (i,j) 拥有安全知识而规避部分风险后的剩余事故率（Residual accident probability），其表达式为 $resaccid = accident - \delta \times K_{i,j}^t$。$accident$ 为现实中事故发生率，$death$ 为现实中事故发生后的人员死亡率，δ 表示由安全知识导致事故率降低的系数。

整个公式表明，若事故发生且个体幸存，则个体从事故中获取安全知识；若事故发生但个体死亡，则该个体被新个体替代；若事故不发生，则个体安全知识量不变。需要说明的是，本研究的知识积累并非包含所有获取知识的方式，而是单指通过实践、从经验中获取直接知识这种方式，而通过阅读、交流、听讲座、看视频等方式进行自我学习则归为接受知识传播的行为，而非知识积累。

（2）见证者安全知识积累规则描述事故见证者获取安全知识的过程，表达式为

$$K_{l,m}^{t+1} = \begin{cases} K_{l,m}^{t} + \Delta K, if \quad resaccid; \\ K_{l,m}^{t}, others \end{cases}$$

式中，$K_{l,m}^{t}$ 为元胞 (l,m) 在 t 时刻具有的安全知识量，而元胞 (l,m) 则为元胞 (i,j) 邻域内的邻居，$resaccid$ 也是元胞 (i,j) 拥有安全知识而规避风险后的剩余事故率，表达式也是 $resaccid = accident - \delta \times K_{i,j}^{t}$。整个公式表明，若事故发生则周围个体能够旁观事故从而获取并积累知识；若事故不发生，则周围个体安全知识量不变。

（3）安全知识扩散规则描述通过宣传教育等方式提高某一类人安全知识的过程，表达式为

$$K_{i,j}^{t+1} = \begin{cases} K_{i,j}^{t} + \Delta S, if \, K_{i,j}^{t} < \bar{K}; \\ K_{i,j}^{t}, others \end{cases}$$

式中，$K_{i,j}^{t}$ 为元胞 (i,j) 在 t 时刻具有的安全知识量，ΔS 表示元胞 (i,j) 从单次知识扩散中获取的安全知识增量，$\bar{K}$ 表示全体元胞安全知识量的均值。整个公式表明，若个体安全知识量小于社会平均安全知识量，则该个体会接受安全方面的宣传教育从而获取并积累知识；否则，个体安全知识量不变。

4.4　模型实现

4.4.1　平台设计

依照实验模型设定，运用 Netlogo 仿真实验平台进行界面设计，得到平台运行界面，如图 4-7 所示。

由图 4-7 可知，平台左上角运行控制区内，setup 为初始化按钮，能够使模型初始化；go 为循环运行按钮，使模型按照代码循环运行；go-once 为单次运行按钮，能够使模型按照代码运行一次。控制区下方 death、accident、initial-knowledge 三个滑块分别用于调节事故死亡率、事故发生率和元胞初始知识量的上限。其中，元胞初始知识量服从 $[0, initial knowledge]$ 均匀分布。滑块右边五个开关中，witness-on 开关控制事故周边见证者数量，若关闭则事故无见证者；开启则发生事故的元胞周边冯诺依曼邻域内的 4 个元胞的知识量增加 ΔK。若 witness-on 开关开启后，eight-mode 也开启，则元胞邻域改为摩尔邻域，事故周边见证者增加为 8 个。spread-on 开关控制知识扩散。若开启则每个时步所有低于平均知识量的元胞安全知识均增加 ΔS，以模拟现实中对安全知识匮乏者进行安全宣传、教育和培训等活动。replace 开关控制事故中死亡的元胞是否被新元胞替代，新元胞默认知识量为 0；而 aver-knowledge 的开启则会使新元胞的知识量从 0 变为当前平均知识量，以模拟现实中引入新员工一般需进行安全培训的情况。

图 4-7 开关区右边为 Mean of knowledge 和 Coefficient of variation 两个数值输出窗口，分别输出全社会元胞知识量的平均值和知识量的离散系数，用以考察知识积累水平高低和知识均衡程度。图的左下方两个统计图，population 图表示具有不同安全知识水平的元胞数量，Mean and standard deviation 图则为社会平均知识和标准差的统计图。右边的元胞空间图则体现了社会中所有元胞在当前时步的安全知识水平，其中元胞的颜色越深表明其拥有的安全知识量越小，颜色越浅则表明其安全知识量越大，从而可以直观看出全社会安全知识积累和分布情况。

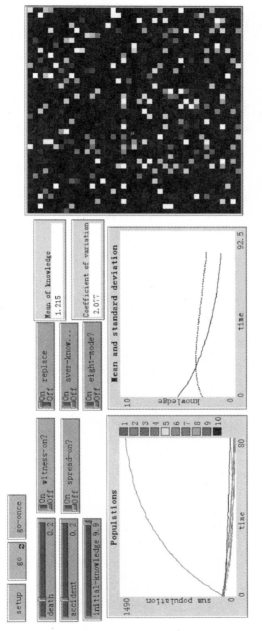

图 4-7　模型运行界面

4.4.2 程序设计

Netlogo 仿真实验平台的运行还需要程序代码支持，依照实验模型设定进行程序设计，模型程序的逻辑流程如图 4-8 所示。其中，初始化对应平台的 setup 按钮，包含清空变量值、时步复位和初始化元胞三个命令，其中前两个命令目的是清除之前运行程序遗留的数值、时步，使其恢复为 0，而初始化元胞则是从 $[0, initial\ knowledge]$ 区间内等概率随机选取一个数值作为元胞的初始安全知识。

初始化之后，通过平台的 go 或 go-once 按钮可使得程序

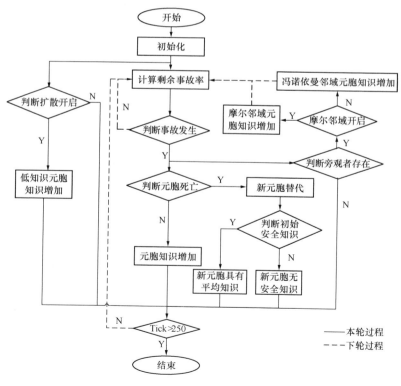

图 4-8　模型逻辑流程

运行。运行阶段包含知识积累和扩散两个子程序。知识积累子程序首先根据当前元胞的知识和事故率计算该元胞的剩余事故率，而后判断事故是否发生，若不发生则直接进入下一时步，若发生则判断该元胞是否死亡，不死亡则该元胞知识增加，死亡则由新元胞替代。新元胞默认初始安全知识为 0，若 aver-knowledge 开关开启则初始安全知识为当前全社会平均知识。同时根据 witness-on 开关判断是否存在见证者，若存在则根据 eight-mode 开关判断见证者分布是服从冯诺依曼邻域还是摩尔邻域，而后对应邻域内的见证者知识增加。知识扩散子程序根据 spread-on 开关状态判断是否进行知识扩散，若开关开启，则所有低于当前平均知识的元胞知识增加。

以上程序最终都需要判断时步数量，若时步数量超过上限则程序停止，否则程序进行下一轮。考虑到程序需充分展现安全知识积累和扩散的各种变化，但又不宜过长，经过测试将时步数量设置为 250 步，运行至 250 步后自动停止。

4.4.3　模型变量

根据以上模型、程序和平台设定，确定本实验包含的自变量和因变量。自变量包括事故率（accident）、死亡率（death）、见证者（witness）及其数量（eight-mode）、扩散（spread）、替代元胞（replace）及其初始知识（aver-knowledge）、初始安全知识上限（initial-knowledge）。因变量包括社会安全知识平均值（Mean）以及其离散系数（CV）。此外，经测算，本研究将通过事故学习获取的安全知识增量 ΔK 设置为 0.1，而将通过宣传教育获取的安全知识增量 ΔS 设置为 0.01，同时将安全知识导致事故率降低的系数 δ 设置为 0.01。各变量名称、含义及其取值范围如表 4-1 所示。

序号	名称	说明	取值范围
		变量描述表 表 4-1	
1	*death*	事故发生后死亡的概率	$[0，1]$
2	*accident*	发生事故的概率	$[0，1]$
3	*witness*	事故是否有见证者	0 或 1
4	*spread*	知识是否扩散	0 或 1
5	*replace*	个体死亡后是否补充新个体	0 或 1
6	*aver-knowledge*	新个体是否具有平均知识	0 或 1
7	*eight-mode*	见证者是否为摩尔邻域	0 或 1
8	*initial-knowledge*	新个体初始安全知识上限	$[0，9.9]$
9	*Mean*	社会安全知识平均值	$[0，9.9]$
10	*CV*	社会安全知识的离散系数	$[0，+\infty]$

4.5　实验分析与结论

4.5.1　数据实验过程与结果

本研究采用交替控制变量的方法通过仿真实验来获取数据，以测量事故率（*accident*）、死亡率（*death*）、见证者（*witness*）及其数量（*eight-mode*）、扩散（*spread*）、替代者初始知识（*aver-knowledge*）对社会安全知识平均值（*Mean*）以及其离散系数（*CV*）的影响。具体做法如下：

第一步，将见证者（*witness*）及其数量（*eight-mode*）、扩散（*spread*）、替代者初始知识（*aver-knowledge*）均设定为 0。考虑到现实情况，且为了避免元胞全部死亡而时步未结束的情况，将替代元胞（*replace*）设定为 1。同时，初始安全知识上限（*initial-knowledge*）设定为 9.9。

第二步，将死亡率设定为 0，事故率从 0 开始，以 0.1 为增量增加至 1，从而获得 11 组自变量与因变量对应的数据样本；而后将死亡率设定为 0.1，事故率从 0 开始，以 0.1 为增量增加至 1，从而再获得 11 组数据样本；依此类推，死亡率以 0.1 为增量一直增加至 1，共获取 11×11＝121 组数据样本。

第三步，将见证者（*witness*）开关开启，其数值变为 1，邻域变为冯诺依曼邻域。而后再重复第二步的实验过程，获得此状态下的 121 组数据样本。

第四步，将见证者（*witness*）开关及其数量（*eight-mode*）开关均开启，二者数值变为 1，邻域变为摩尔邻域。而后再重复第二步的实验过程，获得此状态下的 121 组数据样本。

第五步，将见证者（*witness*）开关及其数量（*eight-mode*）开关关闭，再将扩散（*spread*）开启，其数值变为 1。而后再重复第二步的实验过程，获得此状态下的 121 组数据样本。

第六步，将扩散（*spread*）开关关闭，再将替代者初始知识（*aver-knowledge*）开关开启，其数值变为 1。而后再重复第二步的实验过程，获得此状态下的 121 组数据样本。

经过以上实验步骤，仿真实验共获得 5×121＝605 组数据样本。但由于部分数据样本中作为离散系数（*CV*）分母的安全知识均值为 0，导致离散系数不可得，最终使得因变量为离散系数（*CV*）的有效数据样本剩余 596 组。因变量为社会安全知识平均值（*Mean*）的有效数据样本仍然为 605 组。运用 SPSS 软件对数据样本进行描述性统计分析所得结果如表 4-2 所示。

样本描述性统计结果

表 4-2

变量	平均值	标准差	样本数
death	0.500	0.316	605
accident	0.500	0.316	605

变量	平均值	标准差	样本数
witness	0.400	0.490	605
spread	0.200	0.400	605
aver-knowledge	0.200	0.400	605
eight-mode	0.200	0.400	605
Mean	3.819	3.606	605
CV	1.738	1.866	596

由表 4-2 中数据可知，事故率和死亡率为 [0，9.9] 间随机取值，其均值为 0.5，与预期相符；见证者（*witness*）及其数量（*eight-mode*）、扩散（*spread*）、替代者初始知识（*aver-knowledge*）四个变量中，见证者（*witness*）为 1 的数据有 242 组，因此其平均值为 0.4，其余变量为 1 的数据仅有 121 组，因此均值为 0.2。社会安全知识平均值（*Mean*）变量的均值为 3.819，样本整体知识量处于较低水平；标准差为 3.606，不同样本间知识量存在一定程度波动；社会安全知识离散系数（*CV*）变量的均值为 1.738，样本整体知识差异程度处于较低水平；标准差为 1.866，样本间知识差异程度存在一定波动。

4.5.2 知识积累数据分析

1. 相关分析

因变量社会安全知识平均值（*Mean*）是用以表示社会安全知识积累水平的变量。对与其相关的 605 组有效数据样本进行相关分析，得到 Pearson 相关系数如表 4-3 所示。

相关分析结果（因变量：*Mean*）							表 4-3
	1	2	3	4	5	6	7
1. *death*	1.000						
2. *accident*	0.000	1.000					

续表

	1	2	3	4	5	6	7
3. witness	0.000	0.000	1.000				
4. spread	0.000	0.000	-0.408^{**}	1.000			
5. aver-knowledge	0.000	0.000	-0.408^{**}	-0.250^{**}	1.000		
6. eight-mode	0.000	0.000	0.612^{**}	-0.250^{**}	-0.250^{**}	1.000	
7. Mean	-0.470^{**}	-0.055	-0.027	-0.286^{**}	0.632^{**}	0.060	1.000

注：** 表示在 0.01 水平（双侧）上显著相关。

由表 4-3 中数据可知，社会安全知识平均值（Mean）变量与死亡率（death）、扩散（spread）、替代者初始知识（aver-knowledge）均显著相关，其中与死亡率（death）的负相关系数较大，表明事故死亡率的增加与社会安全知识积累减少有关；与扩散（spread）也具有一定的负相关关系，表明扩散与社会安全知识积累减少有关；与替代者初始知识（aver-knowledge）具有相当的正相关关系，表明替代者具有平均知识与社会安全知识积累增加有关。此外，由于自变量的变化是使用实验方法人为调节得到，而非自然形成，因此自变量间相关关系强弱及其显著性均没有实际意义，在此不进行分析讨论。

2. 层次回归分析

结合仿真实验的 605 组数据样本，利用 SPSS 选择层次回归法（hierarchical regression）进行回归分析。第一步，先考察理论变量能在多大程度上解释因变量社会安全知识平均值（Mean），包括事故率（accident）、死亡率（death）、见证者（witness）及其数量（eight-mode）、扩散（spread）、替代者初始知识（aver-knowledge）六个变量。第二步，检验事故率（accident）与死亡率（death）、事故率（accident）与见证者（witness）、死亡率（death）与替代者初始知识（aver-knowledge）之间是否存在二次项关系。回归分析结果汇总如表 4-4

所示。

层次回归分析结果汇总（因变量：*Mean*）　　　　表 4-4

变量	模型 1		模型 2	
	β	t 值	β	t 值
death	−0.470	−20.869***	−0.357	−8.535***
accident	−0.055	−2.464**	0.151	3.428***
witness	0.216	6.201***	0.288	6.031***
spread	0.022	0.774	0.022	0.808
aver-knowledge	0.756	26.546***	0.579	13.241***
eight-mode	0.122	4.287***	0.122	4.474***
accident * *death*			−0.262	−4.966***
accident * *witness*			−0.093	−2.103**
death * *aver-knowledge*			0.217	5.205***
F	229.066***		172.534***	
调整 R^2	0.694		0.719	
ΔF	229.066***		18.727***	
ΔR^2	0.697		0.026	

注：* 表示 $p<0.1$；

　　** 表示 $p<0.05$；

　　*** 表示 $p<0.01$。

由表 4-4 可知，在模型 1 中，6 个解释变量能够解释社会安全知识平均值 69.4% 的方差，且此解释达到统计上的显著水平（$\Delta F=229.066$，$p=0.000<0.001$）。模型 2 在增加了三个交互项之后，能够解释社会安全知识平均值 71.9% 的方差，且此解释达到统计上的显著水平（$\Delta F=18.727$，$p=0.000<0.001$）。以上数据表明，两个模型拟合度均可以被接受，且模型 2 比模型 1 的解释力稍强。

在模型 1 中，6 个解释变量除了扩散（*spread*）外，其余 5 个变量均对因变量产生显著影响。影响显著的变量中，死亡率（*death*）标准化回归系数 β 值为 −0.47，表明死亡率的增加会导致社会平均知识较大幅度减少；事故率（*accident*）标准化回归系数 β 值为-0.055，表明事故率的增加会导致社会平均知识小幅减少。而见证者（*witness*）及其数量（*eight-mode*）的标准化回归系数 β 值分别为 0.216 和 0.122，表明事故见证者数量增加会导致社会平均知识小幅增加。此外，替代者初始知识（*aver-knowledge*）的标准化回归系数 β 值为 0.756，表明替代者具备平均知识会导致社会平均知识大幅增加。

在模型 2 中，6 个解释变量除了扩散（*spread*）外，其余 5 个变量仍然对因变量产生显著影响。其中，死亡率（*death*）标准化回归系数 β 值为-0.357，表明死亡率的增加仍旧会导致社会平均知识一定幅度减少；事故率（*accident*）标准化回归系数 β 值变为 0.151，表明事故率的增加会导致社会平均知识小幅增加。见证者（*witness*）及其数量（*eight-mode*）的标准化回归系数 β 值分别为 0.288 和 0.122，表明事故见证者数量增加会导致社会平均知识小幅增加。此外，替代者初始知识（*aver-knowledge*）的标准化回归系数 β 值为 0.579，表明替代者具备平均知识会导致社会平均知识大幅增加。

在模型 2 中，3 个交互项均对因变量影响显著。其中，事故率（*accident*）与死亡率（*death*）交互项的标准化回归系数 β 值为-0.262，表明事故率越高，死亡率对社会平均知识的负向影响越大；事故率（*accident*）与见证者（*witness*）交互项的标准化回归系数 β 值为-0.093，表明存在见证者的组中，事故率对社会平均知识的正向影响会减弱。死亡率（*death*）与替代者初始知识（*aver-knowledge*）交互项的标准化回归系数 β 值为 0.217，表明替代者拥有社会平均知识的组中，死亡率对社会平均知识的负向影响会减弱。

3. 共线性与正态分布检验

在多元回归分析中要留意共线性（Collinearity）问题。共线性即自变量间的相关性太高，从而造成回归模型估计失真的情况。共线性的常用评价指标包括容差（Tolerance，TOL）、方差膨胀因子（Variance Inflation Factor，VIF）、特征值以及条件指数（Condition Index，CI）。在本次多元回归分析中，回归模型中所有自变量的容差值均大于 0.1，VIF 值均小于 10，特征值均大于 0.01 而 CI 值则均小于 30。共线性检验结果表明进入回归方程的自变量间共线性问题不明显，模型估计结果可靠。

线性回归分析适用于其残差满足正态分布假设的情况。因此，本研究通过回归标准化残差直方图和标准化残差正态概率分布图来判断残差是否满足正态分布假设。

图 4-9 为回归标准化残差值的直方图，由图中分布情形可知，样本观察值基本符合正态性的假定，回归标准化残差值基本在 3.5 个标准差范围内，没有极端值出现。

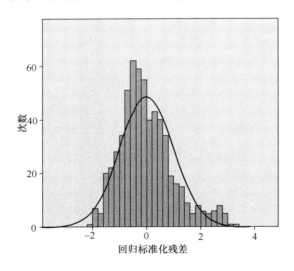

图 4-9　回归标准化残差直方图（因变量：*Mean*）

图 4-10 为样本标准化残差正态概率分布图（*p-p* 图）。由图中分布情形可知，标准化残差值的累积概率点基本分布在 45°的

直线附近，因而样本观察值接近正态分布的假定。

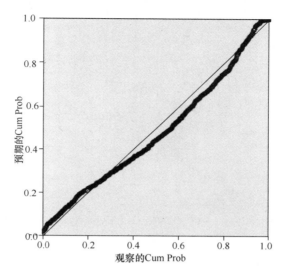

图 4-10　标准化残差正态概率分布图（因变量：*Mean*）

4.5.3　知识差异数据分析

1. 相关分析

因变量社会安全知识离散系数（*CV*）是用以表示社会安全知识扩散和差异水平的变量。对与其相关的 596 组有效数据样本进行相关分析，得到 Pearson 相关系数如表 4-5 所示。

相关分析结果（因变量：*CV*）　　　　　　表 4-5

	1	2	3	4	5	6	7
1. *death*	1.000						
2. *accident*	0.000	1.000					
3. *witness*	0.000	0.000	1.000				
4. *spread*	0.000	0.000	−0.408**	1.000			
5. *aver-knowledge*	0.000	0.000	−0.408**	−0.250**	1.000		
6. *eight-mode*	0.000	0.000	0.612**	−0.250**	−0.250**	1.000	
7. *CV*	0.329**	0.152**	−0.178**	0.218**	−0.451**	−0.168**	1.000

注：** 表示在 0.01 水平（双侧）上显著相关。

由表 4-5 中数据可知，社会安全知识离散系数（CV）与所有变量均显著相关。其中与事故率（accident）、死亡率（death）和扩散（spread）正相关，表明事故率、死亡率和扩散均与社会安全知识差异增加有关；与见证者（witness）及其数量（eight-mode）、替代者初始知识（aver-knowledge）负相关，表明见证者数量及替代者具有平均知识水平与社会安全知识差异减少有关。此外，同样的，由于自变量的变化是使用实验方法人为调节得到，而非自然形成，因此自变量间相关关系强弱及其显著性均没有实际意义，在此不进行分析讨论。

2. 层次回归分析

结合仿真实验的 596 组数据样本，利用 SPSS 选择层次回归法（hierarchical regression）进行回归分析。第一步，先考察理论变量能在多大程度上解释因变量社会安全知识离散系数（CV），同样包括事故率（accident）、死亡率（death）、见证者（witness）及其数量（eight-mode）、扩散（spread）、替代者初始知识（aver-knowledge）六个变量。第二步，检验事故率（accident）与死亡率（death）、事故率（accident）与见证者（witness）、死亡率（death）与替代者初始知识（aver-knowledge）之间是否存在二次项关系。回归分析结果汇总如表 4-6 所示。

层次回归分析结果汇总（因变量：CV）　　　　表 4-6

变量	模型 1		模型 2	
	β	t 值	β	t 值
death	0.355	12.810***	0.329	6.468***
accident	0.160	5.778***	0.063	1.177
witness	−0.546	−12.554***	−0.505	−8.605***
spread	−0.234	−6.562***	−0.240	−7.055***
aver-knowledge	−0.767	−21.533***	−0.480	−8.972***
eight-mode	−0.094	−2.689***	−0.094	−2.813***

续表

变量	模型 1		模型 2	
	β	t 值	β	t 值
accident * *death*			0.189	2.949 ***
accident * *witness*			−0.063	−1.171
death * *aver-know*			−0.361	−7.015 ***
F	119.722 ***		93.917 ***	
调整 R^2	0.545		0.584	
ΔF	119.722 ***		19.611 ***	
ΔR^2	0.549		0.041	

注：* 表示 $p < 0.1$；

*** 表示 $p < 0.05$；

**** 表示 $p < 0.01$。

由表 4-6 可知，在模型 1 中，6 个解释变量能够解释社会安全知识离散系数 54.5% 的方差，且此解释达到统计上的显著水平（$\Delta F = 119.722$，$p = 0.000 < 0.001$）。模型 2 在增加了三个交互项之后，能够解释社会安全知识离散系数 58.4% 的方差，且此解释达到统计上的显著水平（$\Delta F = 19.611$，$p = 0.000 < 0.001$）。以上数据表明，两个模型拟合度均可以被接受，且模型 2 比模型 1 的解释力稍强。

在模型 1 中，6 个解释变量对因变量均产生显著影响。其中，死亡率（*death*）标准化回归系数 β 值为 0.355，表明死亡率的增加会导致个体拥有的知识差异较大幅度增加；事故率（*accident*）标准化回归系数 β 值为 0.16，表明事故率的增加也会导致个体拥有的知识差异小幅增加。而见证者（*witness*）及其数量（*eight-mode*）的标准化回归系数 β 值分别为 −0.546 和 −0.094，表明事故见证者数量增加会导致个体拥有的知识差异减少，且前者的影响远大于后者。扩散（*spread*）的标准化回归系数 β 值为 −0.234，表明扩散的存在也会使得个体拥有的知识差异一定幅度减少；替代者初始知识（*aver-knowledge*）的

标准化回归系数 β 值为 -0.767，表明替代者拥有平均知识会使得个体拥有的知识差异大幅度减少。

在模型 2 中，6 个解释变量中除了事故率（accident）的影响变得不显著外，其余 5 个变量均产生显著影响。其中，死亡率（death）标准化回归系数 β 值为 0.329，表明死亡率的增加仍旧会导致个体拥有的知识差异一定幅度增加；见证者（witness）及其数量（eight-mode）的标准化回归系数 β 值分别为 -0.505 和 -0.094，表明事故见证者数量增加会导致个体拥有的知识差异减少，且前者的影响远大于后者；扩散（spread）的标准化回归系数 β 值为 -0.24，表明扩散的存在也会使得个体拥有的知识差异一定幅度减少；替代者初始知识（aver-knowledge）的标准化回归系数 β 值为 -0.48，表明替代者具有社会平均知识会使得个体拥有的知识差异大幅度减少。

在模型 2 交互项中，事故率（accident）与死亡率（death）、死亡率（death）与替代者初始知识（aver-knowledge）两项对因变量的影响显著，而事故率（accident）与见证者（witness）交互项的影响则不显著。影响显著的交互项中，事故率（accident）与死亡率（death）交互项的标准化回归系数 β 值为 0.189，表明事故率越高，死亡率对个体拥有的知识差异的正向影响越大；死亡率（death）与替代者初始知识（aver-knowledge）交互项的标准化回归系数 β 值为 -0.361，表明替代者拥有社会平均知识的组中，死亡率对个体拥有的知识差异的正向影响会大幅减少。

3. 共线性与正态分布检验

在本次多元回归分析中，回归模型中所有自变量的容差值均大于 0.1，VIF 值均小于 10，特征值均大于 0.01 而 CI 值则均小于 30。共线性检验结果表明进入回归方程的自变量间共线性问题不明显，模型估计结果可靠。

此外，图 4-11 为回归标准化残差值的直方图，由图中分布情形可知，样本观察值接近正态性的假定，回归标准化残差值约在 4 个标准差范围内，基本没有极端值出现。

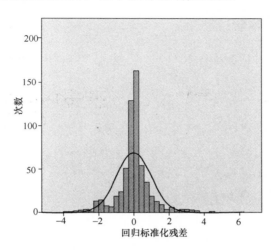

图 4-11 回归标准化残差直方图（因变量：CV）

图 4-12 为样本标准化残差正态概率分布图（p-p 图）。由图

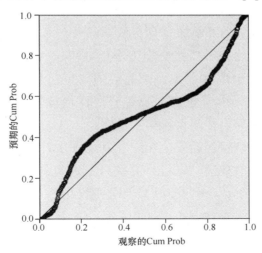

图 4-12 标准化残差正态概率分布图（因变量：CV）

中分布情形可知，标准化残差值的累积概率点虽有一定波动，但仍然大致分布在 45°的直线附近，因而可以认为样本观察值基本满足正态分布的假定。

4.5.4 图形实验过程

前文通过对数据结果的统计分析，探索出了一些对社会安全知识水平和差异有显著影响的变量。然而，受限于样本数量和统计方法，扩散（$spread$）变量影响并不显著，需基于仿真实验输出图形进一步分析。同时，初始安全知识上限（$initial$-$knowledge$）和替代（$replace$）两个变量未纳入数据结果，需要通过图形对比进行考察。图形实验具体过程如下：

第一步，确定事故率和死亡率初始值。本研究将 2017 年全国安全事故死亡人数 38000 除以当年事故起数 53000，得到事故死亡率初始值约为 0.7。而后将 2017 年事故起数 53000 除以当年年末全国就业人数 77640 万人，得到万人事故率约为 0.6，作为事故率初始值。需要指出的是，事故率和死亡率会随行业、区域、时间和统计指标等因素变化而大幅变化。同时，当前行业内虽然使用各种指标来衡量事故率和死亡率，如亿元 GDP 生产安全事故死亡率、道路交通万车死亡率、百万工时损工事故率等，但对于事故率和死亡率基数的确定仍然存在巨大争议。基于以上两点，本研究仅选取部分计算指标暂代初始值使用，并且在实验期间会依需要调整变量值。

第二步，测量初始安全知识上限（$initial$-$knowledge$）变量影响。关闭除替代（$replace$）开关外的所有开关，将初始安全知识上限（$initial$-$knowledge$）值分别设定为 1、5 和 9.9 并分别运行，得到三种情况下的输出数据、统计图及元胞世界图截图 3 幅。

第三步，测量扩散（$spread$）变量影响。将初始安全知上限（*initial-knowledge*）值设定为 9.9，并且关闭除替代（*replace*）开关外的所有开关。而后将扩散（*spread*）开关分别关闭和开启，得到输出数据、统计图及元胞世界图截图 2 幅。

第四步，测量安全事故与非安全事故知识积累和扩散差异。将替代（*replace*）开关关闭，以直观显示安全事故中人员死亡对知识积累的影响。在其他开关依然关闭的情况下，将死亡率（*death*）设置为 0，事故率（*accident*）设为 0.6，运行程序得到输出数据、统计图及元胞世界图截图 1 幅；而后将死亡率（*death*）设置为 0.7，事故率不变，运行程序得到输出数据、统计图及元胞世界图截图 1 幅；再将替代（*replace*）开关开启，运行程序得到输出数据、统计图及元胞世界图截图 1 幅。

4.5.5　图形实验结果分析

1. 初始安全知识上限（*initial-knowledge*）的影响

将初始安全知识上限（*initial-knowledge*）值分别设定为 1、5 和 9.9 并分别运行，所得图形结果如图 4-13、图 4-14、图 4-15 所示。

将图 4-13、图 4-14、图 4-15 进行对比可知，三种情况下所得的社会安全知识平均值（*Mean*）分别为 0.045、0.042 和 0.092，差异不大；而三种情况下的世界图除了第三张有 8 个白色元胞外，其余元胞均接近黑色，表明初始安全知识上限（*initial-knowledge*）值的增加对提高社会平均知识水平作用不太明显。然而，三种情况下所得的社会安全知识离散系数（*CV*）分别为 1.753、1.824 和 7.5，第三种情况下的 *CV* 值远大于前两种情况，表明初始安全知识上限（*initial-knowledge*）值的差异可能导致个体安全知识水平差异巨大。此外，通过对比不同知识水平人口数量图（Population 图）也可得到类似结论。在人口数量图中，不同颜色曲线表明具有不同知识水平的元胞数量。对

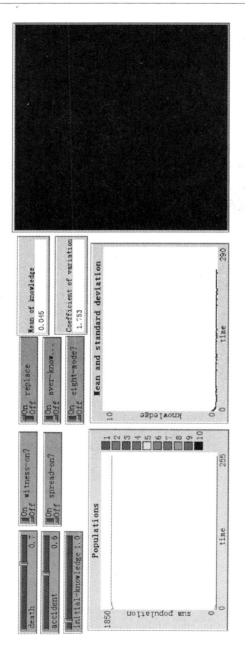

图 4-13　图形结果（*initial-knowledge*＝1）

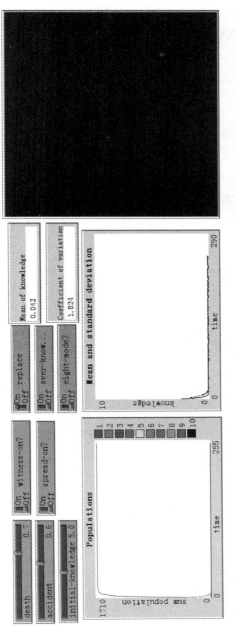

图 4-14　图形结果（*initial-knowledge*＝5）

113

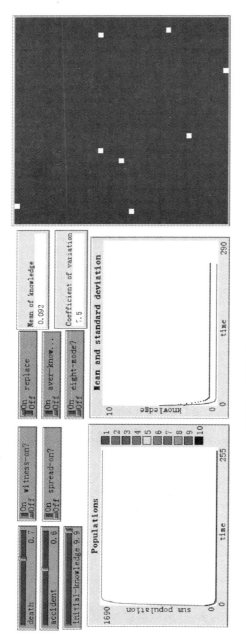

图4-15 图形结果（*initial-knowledge*＝9.9）

比可知，即便第三种情况下元胞初始知识水平较高，但随着时间的推移，大量具有较高知识水平的元胞在活动过程中遭遇事故并死亡，从而使得具有较高知识水平的元胞大量减少，而低知识水平元胞数量则迅速增加，表现为知识量低于 1 的曲线迅速上升并接近元胞总数的数量。

综上所述，初始安全知识上限（*initial-knowledge*）值通过影响元胞初始安全知识水平，仅能够在演化初期影响到元胞的整体知识水平，而后随着时间推移，则由事故率和死亡率等其他因素决定元胞演化的最终稳定结果。当然，也有少量元胞随着时间推移在知识积累的同时避免死于事故，从而具有较高的知识水平。这类元胞的数量，受初始安全知识上限（*initial-knowledge*）值的影响，这也是第三种情况下社会安全知识离散系数（*CV*）较大且存在 8 个具有较高知识水平的白色元胞的原因。

2. 扩散（*spread*）的影响

将扩散（*spread*）开关分别关闭和开启，得到图形结果如图 4-16、图 4-17 所示。

将图 4-16、图 4-17 进行对比可知，两种情况下所得的社会安全知识平均值（*Mean*）分别为 0.048 和 0.068，差异不大；而两种情况下的世界图同样无法看出差异，表明知识扩散（*spread*）对提高社会平均知识水平作用不太明显。然而，两种情况下所得的社会安全知识离散系数（*CV*）分别为 5.315 和 3.791，后者小于前者，表明知识扩散（*spread*）的确有助于降低个体安全知识水平差异。此结论也与前文数据分析结果相吻合。综上所述，可能由于本程序中知识扩散引发元胞知识增量较少，且远少于通过事故获取的安全知识增量，知识扩散（*spread*）对安全知识水平影响并不显著。但其降低个体安全知识差异的作用还是非常显著。

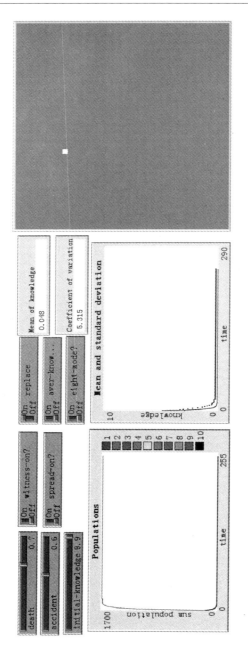

图 4-16 扩散影响图形结果（*spread*＝0）

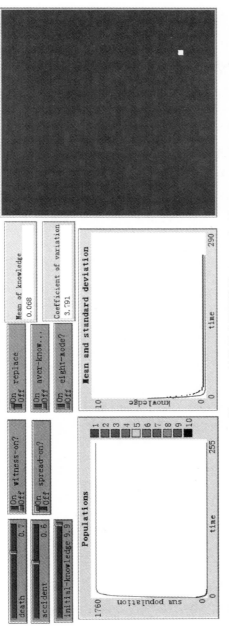

图 4-17　扩散影响图形结果（*spread*＝1）

3. 非替代（replace）条件下的实验结果

将替代（replace）开关关闭，并将死亡率（death）分别设置为 0 和 0.7，事故率（accident）设为 0.6，得到图形结果如图 4-18、图 4-19 所示。而后将替代（replace）开关开启，将死亡率（death）设为 0.7，事故率（accident）设为 0.6，得到图形结果如图 4-20 所示。

将图 4-18 与图 4-19、图 4-20 进行对比可知，三种情况下所得的社会安全知识平均值（Mean）分别为 9.99、4.925 和 0.065，结果差异巨大；同样，三种情况下社会安全知识离散系数（CV）分别为 0、0.585 和 7.578，差异也很明显。结合以上数据结果，再对比三种情况下的世界图可知，第一种情况下所有元胞几乎全白，表明在无死亡风险的失败事件或事故中，随着时间的推移和知识的积累，社会平均知识水平迟早能够达到上限，而社会安全知识水平差异则降到最低；第二种情况下，除了 8 个元胞外，其余元胞均已死亡，虽然平均知识仍然具有一定水平，但元胞总量却急剧减少，维持在非常低的水平，从而使得社会总知识量也较小；第三种情况下，除了 4 个元胞知识积累到上限外，其余元胞均为元胞死后的替代元胞，且具有很低的知识水平，表明长期来看，除了少数个体能够存活并累积知识外，大部分个体在积累较多安全知识前就会死于事故，导致整个社会安全知识处于极低水平，社会安全发展陷入低水平循环中。

4.5.6　研究结论

本章首先运用计算实验方法，选择元胞自动机模型进行仿真实验，而后对得到的数据进行相关和回归分析，对得到的图形进行对比分析，所得结论小结如下。

1. 事故率与死亡率

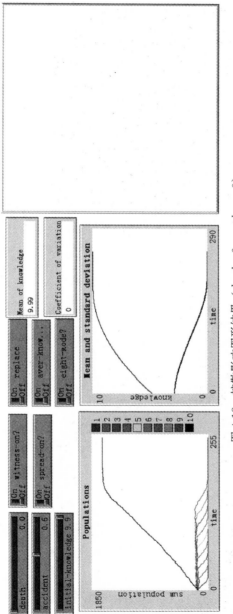

图 4-18　扩散影响图形结果（*death*＝0，*replace*＝0）

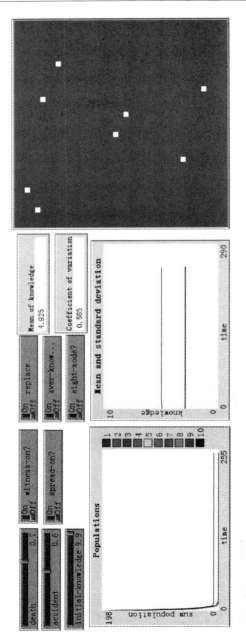

图 4-19　扩散影响图形结果（*death*＝0.7，*replace*＝0）

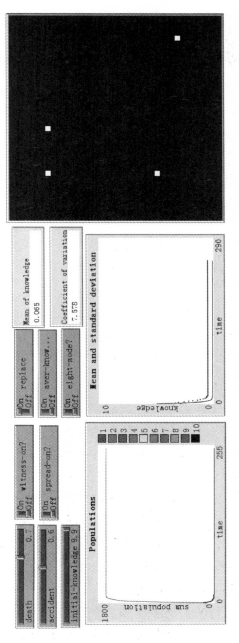

图 4-20　扩散影响图形结果（*death*＝0.7，*replace*＝1）

事故死亡率会对社会平均知识造成显著的负向影响，该结论再次凸显了安全事故死亡风险特性对安全知识的影响，也部分验证了"死亡悖论"的存在。可能由于事故发生率对知识积累具有增加积累机会和增加死亡机会的双重影响，事故发生率对社会平均知识的影响非常微弱，但其与事故死亡率存在交互效应，事故率的增加会强化死亡率对社会平均知识的负面影响。同样，死亡率会导致社会知识水平差距一定幅度增加，而事故率对社会平均知识的影响也比较微弱，并会强化死亡率对社会知识水平差距的正向影响。

2. 见证者及其数量

见证者存在及其数量的增加均会对社会平均知识造成显著的正向影响，影响程度中等，表明事故见证者的幸存的确能有助于安全知识积累。这也部分验证了"死亡悖论"的存在。与预期结果不同的是，存在见证者的组中，事故率对社会平均知识的正向影响会微弱降低。这可能是由事故率对社会平均知识影响的微弱性和不稳定性导致的。见证者存在及数量的增加均会降低社会知识差异，且前者影响程度非常高。

3. 替代者的初始知识水平

替代者初始知识水平的增加会对社会平均知识造成显著正向影响，影响程度非常大，表明对替代者进行岗前培训对安全知识积累具有很大帮助。同时，其与事故死亡率存在交互效应，表明替代者进行岗前培训能够削弱事故死亡对安全知识积累的负向影响。替代者初始知识水平的增加会对社会知识差异造成显著负向影响，影响程度较大，表明替代者岗前培训会削弱个体知识差异。此外，其与事故死亡率存在交互效应，表明替代者进行岗前培训能够削弱事故死亡增加安全知识差异的作用。

4. 知识扩散与初始知识

存在知识扩散会对社会平均知识造成微弱而不显著的正向

影响，表明广泛的、科普性的安全知识宣传教育，必须在具有较高知识接受效率的情况下才能起明显作用。然而，存在知识扩散会在一定程度上减少社会知识差异，表明安全知识宣传教育会起到一定的知识平均化的作用。此外，个体安全知识初始水平仅能够在演化初期影响到整体知识水平，而后随着时间推移，则由事故率和死亡率等其他因素决定最终结果。但需要注意的是，个体安全知识初始水平越高，越有利于其在安全风险中幸存下来，从而进入"知识积累越多、个体越安全、知识越可能进一步积累"的循环中，最终具有更高的知识水平。这意味着，安全知识的宣传、教育和培训能够短期内提升社会安全知识水平，且能够为个体安全知识的自我学习和积累创造条件。

第 5 章　安全知识管理对策与建议

5.1　理论依据

本书综合运用案例分析法、回归分析法、路径分析法以及计算实验法对安全知识积累和扩散的相关影响因素和机制进行研究，得出的主要结论如下。

（1）安全事故导致的个体死亡对个体自身以及整个社会的安全知识积累均存在不利影响。无论实证研究、案例分析还是计算实验的结果都表明此种影响的存在。受其影响的信息和知识类型主要包括事故相关信息和个体已有的安全知识两类。

事故相关信息包括个体自身的心理信息、个体及他人的行为信息以及觉察到的物体或环境信息。其中，个体自身心理信息是单一来源信息，几乎只能通过个体描述获取，一旦个体死亡则无从获取。个体提供的事故相关信息的重要程度受个体与事故关系紧密程度的影响。个体越靠近事故核心区域、与事故关系越密切，所获得的事故信息就越重要。然而，此种情况下，个体受事故的冲击也会越大，也越可能死于事故。显然，这形成了一个悖论，被命名为"死亡悖论"，用以表示安全信息和知识积累过程中的一类独特现象。此类现象会导致某些与事故相关的人员心理信息的必然缺失，从而引发事故学习偏差和安全知识积累障碍。

个体已有安全知识指个体从以往事故或事件中积累的安全知识以及通过与人交流、学习获取的安全知识。前者包括显性知识和隐性知识两类，后者则主要是显性知识。显然，在个体死亡后，上述隐性知识如事故经验等既无法依附于个体继续存在，又无法传播给他人以社会知识的形式保留下来，最终只会完全消散。此类安全知识积累障碍被命名为"隐性知识消散"。同时，上述的显性知识即便通过传播保留下来，具备相关知识的个体若死于事故，则培养其他个体使其掌握此类知识，仍需要额外耗费一定资源、时间和成本。此类安全知识扩散和应用的障碍被命名为"显性知识复用成本"。以上两类现象共同作用，进一步阻碍了安全知识的积累、扩散和应用，使得安全相关问题变得更加突出。

（2）事故信息和安全知识能够通过其他方式获取，从而减弱个体死亡对事故学习的不利影响。这些方式包括现场勘查与过程还原技术、视频记录设备、环境和设备数据采集系统等。现场勘查与过程还原技术能够通过对事故现场痕迹的勘查推断事故发生过程，适用于能在现场留下大量线索的事故，如车辆碰撞、高处坠落等。视频记录设备能够保存记录区域范围内的完整过程信息，是理想的事故信息获取来源。由于安装位置、角度和光线等因素的限制，视频记录设备的监控范围相对较小，且未必能够覆盖事故发生的区域，因此其作用也无法保证。环境和设备数据采集系统泛指所有能采集环境和设备参数的仪器，例如压力仪、温度计、应力计、形变仪、瓦斯检测仪等。但由于其能够监测和记录的信息多为单一角度、小范围内的片面信息，因此在事故调查中多起到辅助作用。以上信息获取方式均能够或多或少的获取一些事故信息，从而削弱个体死亡对事故学习的不利影响。但需要注意的是，通过以上方式仅能搜集到事故表象信息，还原事故发生的外在的、直观的过程，而确定事故深层次原因则需要依靠逻辑推理。

（3）事故信息和安全知识获取还受到事故特征和现场环境的影响。事故特征包括事故持续时间、破坏性质、过程与危险源是否可见等。若事故持续时间很短甚至接近瞬发，比如碰撞、爆炸等，则个体能从中获取的信息和知识则非常有限；若事故对现场破坏严重，比如爆炸、坍塌等，则现场勘查的难度会增加，甚至该方法会失效；相比高处坠落等事故过程可见的情况，中毒或窒息事故中危险源不可见，则事故应对和调查的难度也会增加。现场环境的开放或封闭也会影响见证者数量，从而影响事故信息的搜集。

具体而言，在建设工程领域，管道工程事故中人员行为的信息较难获取，而隧道及地下工程中直接人因较难确定。坍塌类以及中毒窒息类事故描述和归因的准确程度均较低，成为事故调查的难点。房屋建筑工程事故以及物体打击、高处坠落和触电事故信息获取则相对容易。

（4）安全事故的发生概率对安全知识积累的影响并不稳定。由计算实验结果可知，安全事故率对安全知识积累的影响时正时负，且均较为微弱。其原因可能为，安全事故率对安全知识积累存在两类截然相反的作用：一方面，安全事故是积累安全知识的机会，经历的安全事故越多，获得的安全知识也就越多；另一方面，安全事故可能导致死亡，从而导致积累的知识无法留存。此双重影响共同作用，导致了事故发生率对知识积累的影响不稳定。据此，本书提出"死亡悖论"的另一种形式，即个体经历事故越多，越可能获得更多的安全知识，但也越可能死于事故。显然，该现象与"死亡悖论"第一种形式非常相似，二者均用以描述事故经历与知识积累的矛盾关系，只不过第二种形式强调事故数量与知识积累的关系，第一种形式则强调事故卷入程度与知识积累的关系。

（5）安全知识传播、扩散和应用的效率会影响社会平均安全知识水平。其中，替代者初始安全知识水平的增加会显著提高社会平均知识水平，且能够削弱事故死亡对安全知识积累的负向影响。同时，个体初始安全知识水平仅能够在演化初期影响到整体知识水平，但初始水平越高，越有利于个体在安全风险中幸存下来，从而进入"知识积累越多、个体越安全、知识越可能进一步积累"的良性循环中，最终积累更多知识。这一方面表明对员工进行安全教育培训意义重大，另一方面也表明安全教育培训效果会随着时间推移而减弱，需要通过再培训再教育方式进行强化。此外，安全知识宣传、教育和培训必须在具有较高知识接受效率的情况下才能起到明显作用。

（6）事故死亡率、见证者数量、替代者初始知识水平以及知识扩散均会影响个体安全知识水平差异。其中，事故死亡率的提高会导致个体知识水平差距增加，而事故率会强化此种影响，表明在高事故死亡率的行业容易出现员工安全知识水平两极分化现象，需要加强知识管理、促进员工之间沟通。相反，见证者数量增加会较大幅度减少个体安全知识水平差异，意味着通过观看事故视频及图片等方式见证事故能够促进安全知识的流动和扩散，让个体以较低成本获取安全知识。同样，替代者初始知识水平以及知识扩散均会在一定程度上减少社会知识差异，表明新员工岗前培训以及广泛的安全知识宣传教育均有助于减少个体知识差异，促进安全知识流动。

值得注意的是，个体间安全知识水平差异过大会引发个体安全表现极端化现象，即一些个体非常重视安全生产、严格执行安全规范，另一些个体则极端忽视安全生产、频繁做出不安全行为。安全表现极端化现象会导致均等化的管理措施及教育培训效率低下，因为对于已然重视安全生产和具有大量安全知识的个体，管理措施难以激励其更加重视安全，一般化的教育培训也难以增加其安全知识；而对于已然形成恶劣安全意识和行为习惯的个体，一般化的管理措施和教育培训也难以扭转其不安全习惯。此外，由于个体行为差异过大，管理者也难以预估某些个体的不安全行为，这也会进一步增加安全风险。

5.2 对策与建议

根据以上结论，本书从事故信息获取、事故分析与知识获取、安全知识应用以及相关支持措施四个方面，提出促进安全知识积累和扩散的对策建议并给出综合应用案例，具体如下。

5.2.1 事故信息获取

1. 从事故见证者中尽可能多地获取事故信息和安全知识

首先，应通过应急演练、逃生躲避技能培训以及对应急知识的宣传教育，尽可能地提高事故见证者生存率，这对于高事故死亡率行业和项目尤为重要。提高见证者生存率，不仅对于见证者本身具有决定性的意义，对于事故学习和安全知识积累也意义重大。其次，为了及时准确的获得信息，调查者需要在事故发生后立即对幸存者进行访谈，以避免遗忘造成幸存者记忆缺失或失真。访谈流程、内容、方法等可以参考相关的事故调查手册。在访谈中，调查者应该运用各种心理技巧和措施如催眠、记忆唤醒等来安抚幸存者，并帮助他们尽可能准确、详尽地回忆起事实。此外，为了保存尽可能多的信息，整个访谈过程应使用多媒体记录设备对访谈视频、音频进行记录。

2. 通过其他技术和设备尽可能多地获取事故信息和安全知识

首先，应更广泛地应用一系列信息监测、记录技术，特别是如广角视频记录仪等能够大区域、全方位收集信息的设备，以提高获取事故关键信息的概率。其次，在管道工程、隧道及地下工程等信息收集较为困难的环境中，或者坍塌、爆炸等反应时间较短的事故中，应该更广泛的使用电子监控设备，比如带有微型摄像仪和录音设备的安全帽、关键承载部位的压力监控仪、带有气体检测仪的工作服等。同时，安全监管部门应当进一步完善事故现场勘查的人员组织机制、资源保障机制、执行标准和细则以及评价激励机制等，以保证现场勘查的质量和水平，从而最大限度的还原事故真相、获取事故信息。此外，通过以上技术和设备收集的原始资料和数据信息均需要妥善的、完整的、长期的保存，以便进行全面的事故分析和事故再分析。

值得注意的是，物联网技术能够同时满足以上提及的多种功能。首先，通过优化布置各种信息收集设备（如传感器）并将其联网，能够较大范围、较宽口径地获取信息，从而部分解决事故信息收集问题。其次，设置中央处理器后，物联网系统能自动监测各种参数（温度、气体、气压、烟尘、光线等）并在发现异常时报警，指导相关人员及时采取措施处置早期事故，从而起到防止事故扩大、保护事故现场的功能。再次，将物联网与现场摄像机以及数字地图相结合，可以快速准确地判断事故状况，并可利用扬声器或应急灯等装置指导现场人员快速逃生，从而降低事故死亡率。同时，物联网系统管理人员可以通过现场控制器采取一些措施，例如关闭安全门以阻挡有毒气体或灰尘、打开洒水器灭火、打开鼓风机以提供新鲜空气等，从而进一步降低死亡率。部分或全部具备以上功能，并以保障安全为目的的物联网系统可以称之为安全物联网。虽然其中一些设备和简单的物联网系统已被应用于部分智慧建筑和智慧工厂中，但与其可能产生的巨大安全效益相比，这种应用无论深度还是广度都还远远不够。应当在国家层面进一步推广使用安全物联网系统，使其发挥更大价值。

5.2.2　事故分析与知识获取

1. 推进国家安全事故数据库建设

从事故中学习是一项复杂工作，无论是调查者还是研究者均难以在短时间内把所有的事故信息都充分的转换为安全知识。为解决事故资料分析不足的问题，有必要建立一个完整的事故信息查询和获取数据库。首先，数据库应尽量全面的包含所有事故调查第一手资料，包括但不限于事故现场照片及视音频记录、人员访谈笔录及视音频记录、所有监测设备反馈数据等。这些数据作为原始资料，能够为事故再分析和安全知识再挖掘提供未经加工的、客观的资料来源。其次，数据库应尽量全面的包含从事故第一手资料到事故结论的完备推导过程及所有相关资料。这些资料，除了包括规范的事故调查报告之外，还应当包括现场勘查过程与方法、人员访谈流程与方法、仪器设备及环境数据采集过程与方法、事故还原的推导过程和关键性证据以及得出事故原因和建议的过程。这些资料的记录，一是为了监督事故调查，确保事故调查报告的真实性和可验证性；二是为了在调查报告公布后还能对事故数据信息进行深入分析，从而得到更加深入、更有价值的结论。国家事故数据库的建设在一些发达国家已经相对成熟，但在像中国这样的发展中国家还有待改进。

2. 强化事故资料公开与网络咨询

首先，事故相关资料和数据库应当对社会全面公开，而不仅仅只公开事故调查报告，以便能够对调查过程进行监督、验证并对事故资料进行深入挖掘。其次，借鉴分布式知识管理的思想，基于互联网构建一个社会相关人员（如高校教师、科研人员和社会学者等）参与事故调查和广泛分析的知识管理体系。这些社会参与者一方面能够为事故调查提供新的假设、方法和验证思路，从而使得事故调查所得资料更加全面、客观；另一方面能为事故分析提供新的逻辑、模型和事故原因，从而使得分析结论和建议能够更全面、更有深度。事故信息获取的影响因素较多，难度较大，因此要将其作为珍贵资源，最大限度地发掘出更多有用的安全知识。

5.2.3　知识推广与应用

1. 建立分类安全教育保障机制

安全教育一般分为针对一般民众的基础性安全宣传教育和针对员工的安全教育培训两类，二者均需要采取适当机制保证教育质量。前者宜在义务教育阶段完成，应将安全教育课程作为初中学业考试课程，合格后方可毕业。后者除了需要企业自身组织学习和考核之外，对于高危行业从业人员，还应由安全监管部门组织不定期抽查考试，依据考试结果对不合格员工所在企业进行处罚。

2. 建立持续的安全教育机制

持续安全教育指安全教育能够定期强化，从而确保安全教育效果持续。现有的企业定期安全培训考核机制虽然能起到一定的持续教育效果，但其动力多为外部监管压力或企业内部考核压力，员工容易出现被动学习、应试学习的情况，最终虽然学习过程得以持续但学习效果却未必能够持续。而一般民众的基础性安全宣传教育持续性更难以保证。针对前者，可对企业进行学习型组织和安全文化培训，帮助其形成良好的学习氛围和安全氛围，最终让员工形成安全知识自我学习和强化的内生动力，确保学习行为和效果的持久性。针对后者，可强化主流新闻媒体的科普功能，通过让高点击率和高收视率的媒体在报道安全事故新闻的同时，穿插报道安全事故防范和应急知识，起到持续宣传教育的作用。虽然这种做法已有部分媒体采用，但无论是覆盖面还是宣传力度都还远远不够。此外，无论是安全宣传、教育还是培训，其所涵盖的知识内容特别是案例应当持续更新，并适时吸收安全学科发展的最新成果，确保教育内容新颖、先进。

3. 运用新技术提高安全知识接受效率

研究表明，个体在学习过程调动感官越多，体验就越真实、印象就越深刻，学习效果也就越好。鉴于此，可以采用虚实结合的虚拟现实技术和4D电影技术，进行交互式、沉浸式的灾害科普、事故体验以及应急演练。该技术由现实体验平台和虚拟情境系统两部分构成。前者包含有能够模拟物体打击、撞击、高空坠落、爆炸冲击等事故的设备，可让平台上的人员体会到失重、敲击、冲击等感觉；后者包含有能够与现场平台相结合的虚拟事故影像，主要通过视觉、听觉和空间知觉营造事故现场真实环境。二者相结合，可以让事故体验者同时从视觉、听觉、空间知觉和触觉等方面感受事故，将事故各种信息尽量真实地传递给体验者。同时，体验者可以对事故做出反应，如卧倒或躲避，从而进行高仿真度的应急处置训练。此外，虚拟视频也可以替换成真实的事故影像，虽然平面影像会弱化体验者的空间感知，但同时也会提高其视觉感知的真实性，因此也可用于提高知识接受效率。

5.2.4　其他支持措施

1. 建立事故调查员职业资格认定机制

调查人员是调查工作的实施者，其专业技术水平和能力对调查结果的可靠性有重要影响。因此，需要对调查人员进行分专业的资格认定，只有认定合格的人员才能参与事故调查。同时，即便通过了资格认定，调查员仍然需要定期参加培训和考试，只有考试合格才能继续保留调查员资格。需要强调的是，调查员资格认定内容应包括行业知识和调查技术两部分，前者涵盖采矿工程、土木工程、化学工程、机电工程等领域和行业，后者则包括现场勘查技术、人员访谈和心理治疗技术、事故归因理论与技术等技术手段。只有两部分内容均通过认定的人员，才能在对应领域的事故中承担对应的技术工作。

2. 建立事故调查组动态调整机制

我国现有事故调查组层级主要由事故严重程度决定，而事故严重程度只能说明事故的伤亡损失和社会影响情况，与事故调查价值关系不大。某些事故严重程度较低，但其发生机理可能并不为人所知，因而可能具有很高的事故调查和学术研究价值。建立事故调查组动态调整机制的目的在于查明事故机理，预防相似事故的发生。如果事故的调查难度超过调查组成员的能力或调查组所配备的技术条件，则需要通过提高调查组层级，补充调查人员及技术设备来保证调查质量。

3. 建立安全知识投入和共享机制

上述建议中无论是电子设备的广泛应用、物联网的建设，还是事故数据库的建设和运行等都需要大量资金的支持。而安全知识作为具有较强外部性的公共产品，一般由政府提供。但是，为了解决资金压力，可以构建企业安全知识交换平台，引导企业将自身已收集和积累的事故资料与其他企业进行交换，从而以较低的成本促进知识流通、扩散和共享。

5.2.5 综合应用

现阶段，安全物联网现已成功应用于国内部分城市。其中，湖北省宜昌市的消防物联网应用具有一定的代表性。在设施维护和隐患排查方面，该市市区的消防设备如消防水箱、消防栓等均配有二维码。消防巡查人员一旦发现设备故障，通过手机扫码即可将相关信息传送到消防信息中心。而部分消防设备（如烟雾报警器）更是安装有自动检测系统，可自动检测该设备是否工作正常。此外，通过互联网整合学校、医院、公司和政府等不同机构的视频监控设备，消防信息中心能实时获取相关数据并据此发现非法运输危险货物、堵塞消防通道等安全违法行为。在识别出设备故障或不安全行为后，维修或处置的任务列表将传递到维修人员或消防检查员的手机上以指导其工作，而工作结果也将反馈回消防信息中心。截至 2016 年，宜昌市消防信息中心累计收集和保存城市设施数据 33 万份，地下管道数据 8316 份，危险品数据 6154 份。

在应急处置方面，2015 年，宜昌市消防部门共处理了约 20 万个消防问题，其中 90% 的问题能够在基层得到解决，需要消防中心解决的问题仅有 10%。在接到消防警报后，消防信息中心不仅能快速定位火灾位置，还能在中央控制屏上显示附近建筑物、当地居民、监控设备、消防栓和消防站的信息。灾害等级和救援计划由控制员在分析系统的协助下确定，然后传达给现场附近的消防人员。在火灾扑救过程中，该系统能够实时定位消防车辆，并根据交通拥堵情况为其提供最佳路径，还可以帮助消防员在烟雾遮蔽视线时找到受困人员。自 2015 年以来，宜昌市火灾事故数量及其引发的财产损失数、死亡人数和受伤人数分别下降了 23.6%、75%、100% 和 63.4%。同时，由于火灾信息中心存储了大量数据，事故调查变得更加容易。依靠安全物联网的强大功能，宜昌市消防物联网项目被中国 2016 年消防工作会议确定为国家重点消防示范项目。此外，物联网还可用于其他需要安全改进的行业，如采煤、运输和处理危险材料等。

5.3　未来发展方向

本书尚存在许多有待进一步研究的问题，具体如下。

1. 实证研究样本问题

本书实证案例和数据均来源于应急管理部的事故调查报告。然而，受限于调查资源或时间，报告本身可能未包含或未公开全部的事故相关数据。这可能掩盖某些规律，导致研究结论不全面。同时，这些样本数量有限且事故类型涵盖也并不全面，例如车辆碰撞事故报告即被排除在外，这可能影响结论的普遍性。因此，下一步研究可考虑扩展数据渠道，利用国外的事故调查报告和数据库获取数据，以进一步验证以往发现和探索新规律。

2. 实证研究编码问题

实证数据的变量取值来自于研究者的编码，尽管存在清晰的标准，但仍然无法完全排除其过程的主观性。鉴于此，后续研究可以考虑更多的使用客观数据库和通过验证的量表进行实证研究，也可采用扎根理论等案例研究方法进行编码和分析。

3. 计算实验仿真问题

本书的计算实验基于元胞自动机模型和 Netlogo 平台，通过程序编辑和设计最终实现。其中考察知识扩散、见证者、替代者等因素运用的都是 0-1 变量，难以细致考察变量的影响。下一步可考虑将相关变量设置成连续数值变量，以进一步考察其连续变化的影响。同时，本书未深入考虑显隐性知识比例问题，也未将模型与不同事故场景结合起来。下一步可将这些问题纳入模型进行更深入的探索和研究。

参 考 文 献

[1] 陈国华，张华文. 我国安全生产事故调查分级培训机制研究[J]. 中国安全生产科学技术，2009，5(1)：59-64.

[2] 傅贵，李宣东，李军. 事故的共性原因及其行为科学预防策略[J]. 安全与环境学报，2005，5(1)：81-84.

[3] 高恩新. 特大生产安全事故的归因与行政问责—基于65份调查报告的分析[J]. 公共管理学报，2015(4)：58-70.

[4] 高伟明，曹庆仁，许正权. 新生代员工心理资本对安全行为的影响：基于安全动机和安全知识的中介作用[J]. 科学决策，2016(1)：21-41.

[5] 李璐，宣慧玉，高宝俊. 基于元胞自动机的异质个体HIV/AIDS传播模型[J]. 系统管理学报，2008，17(6)：704-710.

[6] 梁振东，刘海滨. 个体特征因素对不安全行为影响的SEM研究[J]. 中国安全科学学报，2013，23(2)：27.

[7] 马振鹏，俞秀宝，吴宗法，等. 安全知识对安全绩效的影响机制研究[J]. 中国安全科学学报，2016，26(7)：141-146.

[8] 牛会永，邓军，周心权，等. 矿井火灾事故调查综合分析技术[J]. 中南大学学报(自然科学版)，2012，43(12)：4812-4818.

[9] 盛昭瀚，张维. 管理科学研究中的计算实验方法[J]. 管理科学学报，2011，14(5)：1-10.

[10] 吴明隆. 结构方程模型：AMOS的操作与应用[M]. 重庆大学出版社，2009.

[11] 薛澜，沈华，王郅强. "7·23重大事故"的警示——中国安全事故调查机制的完善与改进[J]. 国家行政学院学报，2012(2)：23-28.

[12] 曾辉，陈国华. 对建立第三方事故调查机制的探讨[J]. 中国安全生产科学技术，2011，07(6)：81-86.

[13] 曾建权，郑丕谔，马艳华. 论知识经济时代的人力资源管理[J]. 管理科学学报，2000，3(2)：84-89.

[14] 曾明荣，王兴. 中欧事故报告与调查处理比较研究[J]. 中国安全生产科学技术，2015(5)：148-153.

[15] 张玲，陈国华. 事故调查分析方法与技术述评[J]. 中国安全科学学报，2009，19(4)：169.

[16] 张美莲. 危机学习面临的挑战——一个事故调查报告的视角[J]. 吉首大学学报(社会科学版)，2016，37(1)：91-99.

[17] 张涛，王大洲. 从工程事故中学习的过程及其制度安排[J]. 工程研究-跨学科视野中的工程，2013，5(3)：309-317.

[18] Bandura A. On the functional properties of perceived self-efficacy revisited. [J]. Journal of Management，2012，38(1)：9-44.

[19] Bird F E，Loftus R G. Loss control management[J]. Institute Press，1976.

[20] Birkland T A. Disasters，lessons learned，and fantasy documents[J]. Journal of Contingencies and Crisis Management，2009，17(3)：146-156.

[21] Boin A，Fishbacher-Smith D. The importance of failure theories in assessing crisis management：The Columbia space shuttle disaster revisited[J]. Policy & Society，2011，30(2)：77-87.

[22] Chikudate，N. If human errors are assumed as crime in a safety culture：A lifeworld analysis of a rail crash[J]. Human Relations，2009，62(9)：1267-1287.

[23] Christian M S，Bradley J C，Wallace J C，et al. Workplace safety：a meta-analysis of the roles of person and situationfactors[J]. Journal of Applied Psychology，2009，94(5)：1103-27.

[24] Cooke D L，Rohleder T R. Learning from incidents：from normal accidents to high reliability[J]. System Dynamics Review，2006，22(3)：213-239.

[25] Cox S，Jones B，Collinson D. Trust relations in high-reliability organizations[J]. Risk Analysis，2010，26(5)：1123-1138.

［26］ Ergai A, Cohen T, Sharp J, et al. Assessment of the Human Factors Analysis and Classification System (HFACS): Intra-rater and inter-rater reliability[J]. Safety Science, 2016, 82: 393-398.

［27］ Hale A R, Ale B J M, Goossens L H J, et al. Modeling accidents for prioritizing prevention[J]. Reliability Engineering & System Safety, 2007, 92(12): 1701-1715.

［28］ Hovden J, Størseth F & Tinmannsvik K R. Multilevel learning from accidents: Case studies in transport. Safety Science, 2011, 49 (1): 98-105.

［29］ Jiang L, Yu G, Li Y, et al. Perceived colleagues' safety knowledge/behavior and safety performance: safety climate as a moderator in a multilevel study[J]. Accident Analysis & Prevention, 2010, 42(5): 1468-1476.

［30］ Johnson C. Software tools to support incident reporting in safety-criticalsystems[J]. Safety Science, 2002, 40(9): 765-780.

［31］ Johnson C, Holloway C M. A survey of logic formalisms to support misha panalysis[J]. Reliability Engineering & System Safety, 2003, 80(3): 271-291.

［32］ Keep E, Mayhew K, Payne J. From skills revolution to productivity miracle-not as easy as it sounds? [J]. Oxford Review of Economic Policy, 2006, 22(4): 539-559.

［33］ Kotha R, George G. Friends, family, or fools: Entrepreneur experience and its implications for equity distribution and resource mobilization[J]. Journal of business venturing, 2012, 27(5): 525-543.

［34］ LeCoze J C. Disasters and organisations: From lessons learnt to theorising[J]. Safety Science, 2008, 46(1): 132-149.

［35］ Lindberg, A. K, Hansson, S. O, Rollenhagen, C. Learning from accidents - what more do we need to know? [J]. Safety Science, 2010, 48(6): 714-721.

［36］ Lund J, Aarø L E. Accident prevention. Presentation of a model placing emphasis on human, structural and culturalfactors[J]. Safety Science, 2004, 42(4): 271-324.

[37]　Lundberg J, Rollenhagen C, Hollnagel E. What-You-Look-For-Is-What-You-Find – The consequences of underlying accident models in eight accident investigation manuals[J]. Safety Science, 2009, 47 (10): 1297-1311.

[38]　Mcguinness S. Overeducation in the Labour Market[J]. Journal of Economic Surveys, 2010, 20(3): 387-418.

[39]　Nicholas S. Argyres, Brian S. Silverman. R&D, Organization Structure, and the Development of Corporate Technological Knowledge[J]. Strategic Management Journal, 2004, 25(8/9): 929-958.

[40]　Petitta L, Probst T M, Barbaranelli C. Safety Culture, Moral Disengagement, and Accident Underreporting[J]. Journal of Business Ethics, 2017, 141: 1-16.

[41]　Probst T M, Graso M. Pressure to produce＝pressure to reduce accident reporting? [J]. Accident Analysis & Prevention, 2013, 59(5): 580-587.

[42]　Rossignol N. Practices of incident reporting in a nuclear research center: A question of solidarity[J]. Safety Science, 2015, 80: 170-177.

[43]　Roth W. M. & Lee Y. J. "Vygotsky's neglected legacy": Cultural-historical activity theory[J]. Review of Educational Research, 2007, 77(2), 186-232.

[44]　Smith D, Elliott D. Moving beyond denial: Exploring the barriers to learning fromcrisis [J]. Management Learning, 2007, 38 (5): 519-538.

[45]　Sverre Roed-Larsen, John Stoop. Modern accident investigation – Four major challenges[J]. Safety Science, 2012, 50(6): 1392-1397.

[46]　Tabachnick B G, Fidell L S. Using Multivariate Statistics (5th Ed.) [M]. Pearson/Allyn & Bacon, 2007.

[47]　Vinodkumar M N, Bhasi M. Safety management practices and safety behaviour: assessing the mediating role of safety knowledge and motivation[J]. Accid Anal Prev, 2010, 42(6): 2082-2093.

［48］ Wang Y，Zhang J，Chen X，et al. A spatial - temporal forensic analysis for inland - water ship collisions using AIS data［J］. Safety Science，2013，57(1)：187-202.